ISBN 978-3-540-03802-3 ISBN 978-3-540-34938-9 (eBook)
DOI 10.1007/978-3-540-34938-9

Fortschritte der chemischen Forschung 9. Band, 3. Heft

In kritischen Übersichten werden in dieser Reihe Stand und Entwicklung aktueller chemischer Forschungsgebiete beschrieben. Sie wendet sich an alle Chemiker in Forschung und Industrie, die am Fortschritt ihrer Wissenschaft teilhaben wollen.
In der Regel werden nur Beiträge veröffentlicht, die ausdrücklich angefordert worden sind. Schriftleitung und Herausgeber sind aber für ergänzende Anregungen und Hinweise jederzeit dankbar. Manuskripte können in den „Fortschritten der chemischen Forschung" in Deutsch oder Englisch veröffentlicht werden.

Jedes Heft der Reihe ist auch einzeln käuflich.

This series presents critical reviews of the present position and future trends in modern chemical research. It is addressed to all research and industrial chemists who wish to keep abreast of advances in their subject.

As a rule, contributions are specially commissioned. The editors and publishers will, however, always be pleased to receive suggestions and supplementary information. Papers are accepted for „Fortschritte der chemischen Forschung" in either German or English.

Single issues may be purchased separately.

Gegenwärtige Möglichkeiten wellenmechanischer Absolutrechnungen an Molekülen und Atomsystemen

Dr. H. Preuß

Max-Planck-Institut für Physik und Astrophysik, Institut für Astrophysik, München

Inhalt

1. Einleitung

Die Quantenchemie, als wichtigster Teil der Theoretischen Chemie, hat in den letzten Jahren in ihrer Konzeption eine wesentliche Änderung erfahren, die noch nicht abgeschlossen ist (*1*). Indessen lassen sich schon klar die Konturen einer Quantentheoretischen Chemie erkennen, die – im engen Kontakt zur Chemie – ausschließlich *wellenmechanisch* ist und ihre Ausgangspunkte *frei von empirischen Anleihen und vorurteilhaften Modellvorstellungen* setzt. Die Quantenchemie bewegt sich also von den halbempirischen und halbtheoretischen Verfahrensweisen weg zu den rein theoretischen Methoden. Damit werden viele Vorstellungen der Theoretischen Chemie verlassen, die oft mehr eine Standpunktsfrage des betreffenden Bearbeiters, als eine sichere Erkenntnis gewesen sind. Der Schwerpunkt verlagert sich von der einleuchtenden Beschreibung bekannter Tatsachen zum Auffinden nachprüfbarer Voraussagen (ohne vorher fixierte Vorstellungen über die Struktur des zu untersuchenden Systems zu bilden), denen dann Wahrheitsgehalt zugebilligt wird. In diesem Sinne ist ein Verfahren zur Deutung eines Reaktionsverhaltens nicht richtiger geworden, wenn die ihm zugrunde liegenden Vorstellungen günstiger oder zweckmäßiger erscheinen. Fragen der Zweckmäßigkeit können erst dann diskutiert werden, wenn die Richtigkeit des Vorgehens geklärt ist (*2*).

Die Quantentheoretische Chemie gehört zur grundlegenden Disziplin der Theoretischen Chemie, weil sie alle chemischen und physikalischen Erscheinungen auf die Behandlung eines Vielelektronensystems zurückführt, welches sich im Potentialfeld der positiven Atomkerne befindet. Demnach erfüllt die Quantenchemie das Prinzip der wissenschaftlichen Ökonomie in idealer Weise: sie führt möglichst viele Erfahrungen auf möglichst wenig Grundelemente zurück. Einen solchen Vorgang können wir als „Verstehen" bezeichnen, indem in allen verschiedenen Erscheinungen das Wirken gleicher Gesetze erkannt wird (was weit über Arbeitshypothesen im Sinne der Analogie hinausgeht). Ein beschreibendes und die Möglichkeit der Voraussage einschließendes Kalkül enthält einen immer größeren Wahrheitsgehalt, je kleiner die Anzahl der erwähnten Grundelemente ist.

Unter Absolutrechnungen verstehen wir gerade solche Verfahren, die mit wenigen Grundgleichungen die Elektronensysteme behandeln und keinerlei empirische Anleihen verwenden.

2. Die wellenmechanischen Ausgangsgleichungen (*3*)

Die Bewegungen eines n-Elektronen- und N-Atomkernsystems, deren Atomladungen Z_λ ($\lambda = 1, 2, \ldots, N$) sind, werden durch eine Funktion (*Wellenfunktion*) Ψ beschrieben (in atomaren Einheiten), die von allen Elektronenkoordinaten $\mathfrak{r}_i$ ($i = 1, 2, \ldots, n$)

$$\mathfrak{r} = \{\mathfrak{r}_1, \ldots, \mathfrak{r}_n\}, \tag{1}$$

allen Kernkoordinaten $\mathfrak{R}_\lambda$ ($\lambda = 1, 2, \ldots, N$)

$$\mathfrak{R} = \{\mathfrak{R}_1, \ldots, \mathfrak{R}_N\}, \tag{2}$$

von den Spinkoordinaten σ_i ($i = 1, 2, \ldots, n$)

$$\sigma = \{\sigma_1, \ldots, \sigma_n\}, \tag{3}$$

sowie von allen Kernladungszahlen Z_λ ($\lambda = 1, 2, \ldots, N$)

$$\mathfrak{z} = \{Z_1, \ldots, Z_N\} \tag{4}$$

und der Zeit t abhängt:

$$\Psi = \Psi(\mathfrak{r}, \sigma, \mathfrak{R}, \mathfrak{z}, t)\,. \tag{5}$$

Gegebenenfalls sind noch die Kernspins Σ_λ $(\lambda = 1, 2, \ldots, N)$

$$\Sigma = \{\Sigma_1, \ldots, \Sigma_N\} \tag{6}$$

zu berücksichtigen:

$$\Psi = \Psi(\mathfrak{r}, \sigma, \mathfrak{R}, \mathfrak{z}, \Sigma, t)\,. \tag{5a}$$

Aus der Kenntnis, oder näherungsweisen Kenntnis, der Wellenfunktion *lassen sich alle chemischen und physikalischen Eigenschaften des Systems berechnen.*

Ψ selbst erfüllt eine Gleichung von der Form $(i = \sqrt{-1})$

$$\mathcal{H}\Psi = i\frac{\partial\Psi}{\partial t}, \tag{7}$$

wobei das Symbol $\mathcal{H}$ die Abkürzung für eine Rechenvorschrift (*Operator*) darstellt, was mit der rechts davon stehenden Funktion geschehen soll. *Diese Rechenvorschrift wird Hamilton-Operator genannt* und ist eindeutig durch das zu betrachtende System von n Elektronen und N Atomkernen gegeben. $\mathcal{H}$ ist in jedem Falle bekannt und kann leicht aufgeschrieben werden. Man nennt (7) die zeitabhängige *Schrödinger-Gleichung.* $\mathcal{H}$ kann von den Größen $\mathfrak{r}$, σ, $\mathfrak{R}$, $\mathfrak{z}$ und Σ abhängen und gegebenenfalls die Tatsache berücksichtigen, daß sich das System in einem elektrischen oder magnetischen Feld befindet.

Während die *Raumkoordinaten* $\mathfrak{r}$ und $\mathfrak{R}$ im ganzen Raum gelten und auch t kontinuierlich veränderlich ist, können die Z_λ nur ganzzahlige positive Werte (ganzzahlige Elementarladungen) annehmen. Schließlich haben auch σ_i und Σ_λ diskrete Werte, indem sie die Lagen der jeweiligen Spins beschreiben. Für die Elektronenspinkoordinate σ_i $(i = 1,2, \ldots, n)$ existieren daher nur zwei Werte α und β, je nachdem ob die Richtung des Spin (Eigendrehimpuls) in einer oder dazu antiparallelen Richtung liegt.

Es geht also bei einem wellenmechanischen Vorgehen darum, Ψ aus (7) zu erhalten, wobei noch (neben dem Pauli-Prinzip) gelten muß, daß die Wellenfunktion normiert sein soll:

$$\int \Psi^* \Psi \, d\mathfrak{r}\, d\sigma\, d\mathfrak{R}\, d\Sigma = 1. \tag{7a}$$

Ψ^* ist die konjugiert-komplexe Funktion (i wird durch $-i$ in Ψ ersetzt) von $\underline{\Psi}$. Die Integrationen über σ und Σ sind im Sinne der obigen diskreten Werte zu verstehen! (7a) stellt ein (außer über σ und Σ) $3n + 3N$-faches Integral dar!

Befindet sich das (n, N)-System in einem *stationären Zustand*, oder soll es nur in einem solchen betrachtet werden, indem also die Gesamtenergie des Systems nicht mehr von der Zeit abhängt, so muß $\underline{\Psi}$ in der Form

$$\underline{\Psi} = \overline{\underline{\Psi}} e^{-i \bar{\mathscr{E}} t} \tag{8}$$

angesetzt werden, wobei $\overline{\underline{\Psi}}$ von t unabhängig ist. $\overline{\underline{\Psi}}$ ergibt sich dann aus der zeitunabhängigen Schrödinger-Gleichung

$$\mathscr{H} \overline{\underline{\Psi}} = \bar{\mathscr{E}} \overline{\underline{\Psi}}, \tag{9}$$

wobei ebenfalls (7a) erfüllt sein muß. Die $\bar{\mathscr{E}}$ sind die stationären Energiezustände des (n, N)-Systems. Zusammen mit (7a) zeigt es sich, daß für viele $\bar{\mathscr{E}}$-Bereiche nur diskrete $\bar{\mathscr{E}}$-Werte $\bar{\mathscr{E}}_k$ existieren, für die eine Lösung $\overline{\underline{\Psi}}_k$ gefunden werden kann:

$$\mathscr{H} \overline{\underline{\Psi}}_k = \bar{\mathscr{E}}_k \overline{\underline{\Psi}}_k \qquad (k = 0, 1, 2, \ldots). \tag{9a}$$

Andererseits gibt es auch *kontinuierliche Bereiche* $\bar{\mathscr{E}}$ (k) (*Kontinuum*), für die

$$\mathscr{H} \overline{\underline{\Psi}}(k) = \bar{\mathscr{E}}(k) \overline{\underline{\Psi}}(k) \tag{9b}$$

gilt ($\overline{\underline{\Psi}}$ bzw. $\bar{\mathscr{E}}$, als Funktionen von k: $0 \leq k < \infty$).

Mit (7) können alle *Verhaltensweisen* des (n, N)-Systems behandelt werden, besonders sein reaktives Verhalten beim Übergang

$$(n, N) + (n' N') \leftrightharpoons (n'' N'') + (n''', N''') \tag{10}$$

wenn

$$\begin{aligned} n + n' &= n'' + n''' = n \\ N + N' &= N'' + N''' = N. \end{aligned} \tag{10a}$$

Das System in Ruhe gelassen, kann dann die Werte $\bar{\mathscr{E}}_k$ annehmen, mit den dazugehörigen $\overline{\underline{\Psi}}_k$.

$$W(\mathfrak{r}, \mathfrak{R}, \mathfrak{z}) = \left[\int\int \overline{\underline{\Psi}}_k^* \overline{\underline{\Psi}}_k \, d\sigma \, d\Sigma\right] \Delta\mathfrak{r} \, \Delta\mathfrak{R} \tag{11}$$

stellt die *Aufenthaltswahrscheinlichkeit der N Kerne und n Elektronen* dar, wenn sich das i-te Elektron und der λ-te Kern in den Volumenelementen $\Delta\mathfrak{r}_i$ und $\Delta\mathfrak{R}_\lambda$ befinden. Dabei ist

$$\Delta\mathfrak{r} = \Delta\mathfrak{r}_1\,\Delta\mathfrak{r}_2\,\ldots\,\Delta\mathfrak{r}_n\,;\;\Delta\mathfrak{R} = \Delta\mathfrak{R}_1\,\Delta\mathfrak{R}_2\,\ldots\,\Delta\mathfrak{R}_N\,, \tag{11a}$$

und im einzelnen

$$\Delta\mathfrak{r}_i = \Delta x_i\,\Delta y_i\,\Delta z_i\,;\;\Delta\mathfrak{R}_\lambda = \Delta R_{\lambda x}\,\Delta R_{\lambda y}\,\Delta R_{\lambda z}\,, \tag{11b}$$

wobei der Punkt $\mathfrak{r}_i$ oder $\mathfrak{R}_\lambda$ durch die *kartesischen Koordinaten* x_i, y_i, z_i oder $R_{\lambda x}$, $R_{\lambda y}$, $R_{\lambda z}$ beschrieben wird.

Wird in (11) über alle Elektronen oder Kernkoordinaten integriert, so erhält man die *übrigbleibenden* Kern- oder Elektronenverteilungen. Geht man dann zu einer Integration über n-1 Elektronen oder N-1 Kernkoordinaten über

$$p_j^{(e)}(\mathfrak{r}_j, \mathfrak{z}) = \int \frac{W(\mathfrak{r}, \mathfrak{R}, \mathfrak{z})}{\Delta\mathfrak{r}\,\Delta\mathfrak{R}}\, d\mathfrak{R}\, d\mathfrak{r}_1 \ldots d\mathfrak{r}_{j-1}\, d\mathfrak{r}_{j+1} \ldots d\mathfrak{r}_n \tag{12a}$$

$$p_\lambda^{(K)}(\mathfrak{R}_\lambda, \mathfrak{z}) = \int \frac{W(\mathfrak{r}, \mathfrak{R}, \mathfrak{z})}{\Delta\mathfrak{r}\,\Delta\mathfrak{R}}\, d\mathfrak{r}\, d\mathfrak{R}_1 \ldots d\mathfrak{R}_{\lambda-1}\, d\mathfrak{R}_{\lambda+1} \ldots d\mathfrak{R}_N\,, \tag{12b}$$

so liefern

$$p^{(e)}(\mathfrak{r}, \mathfrak{z}) = \sum_{j=1}^{n} p^{(e)}{}_j(\mathfrak{r}_j, \mathfrak{z}) \Big|_{\mathfrak{r}_j = \mathfrak{r}} \tag{13a}$$

und

$$p^{(K)}(\mathfrak{R}, \mathfrak{z}) = \sum_{\lambda=1}^{N} p^{(K)}{}_\lambda(\mathfrak{R}_\lambda, \mathfrak{z}) \Big|_{\mathfrak{R}_\lambda = \mathfrak{R}} \tag{13b}$$

die *Gesamtdichten der Elektronen und Kerne*, wenn nach Summierung in (13a) und (13b) alle $\mathfrak{r}_j = \mathfrak{r}$ oder alle $\mathfrak{R}_\lambda = \mathfrak{R}$ gesetzt werden. Hier ist $\mathfrak{R}$ und $\mathfrak{r}$ in (13) von (1) und (2) zu unterscheiden, wobei in (13) nur dreidimensionale Größen $\mathfrak{r}$ oder $\mathfrak{R}$ vorliegen! $p^{(e)}$ ist bei Streuvorgängen eine wichtige Größe. Aus $p^{(K)}$ können Aufschlüsse über die Kernlagen erhalten werden.

Nach

$$\mathcal{E}_k - \mathcal{E}_{k'} = h\nu_{kk'} \qquad (h = \textit{Planck}\text{sche Konstante}) \tag{14}$$

erhält man die *Frequenzen* $\nu_{kk'}$, *die das System gegebenenfalls absorbieren oder emmitieren kann*, dabei wird die Energie vom Elektronen- oder Kernsystem übernommen, wobei auch die Wechselwirkung zwischen diesen beiden Teilsystemen erfaßt wird.

Schließlich können aus den $\underline{\Psi}_k$ durch Integrationen die *Wahrscheinlichkeiten der Übergänge* zwischen den Zuständen mit $\bar{\mathscr{E}}_k$ und $\bar{\mathscr{E}}_{k'}$ erhalten werden

$$\int \underline{\Psi}_k^* F(\mathfrak{r}, \mathfrak{R}, \mathfrak{z}) \underline{\Psi}_{k'} \, d\mathfrak{r} \, d\mathfrak{R} \, d\sigma \, d\Sigma , \tag{15}$$

wobei F eine Funktion von $\mathfrak{r}$, $\mathfrak{R}$ und $\mathfrak{z}$ ist.

Der Hamilton-Operator $\mathscr{H}$ ergibt sich in allen Fällen in der Form

$$\mathscr{H} = \underline{K}_K + \mathscr{H} , \tag{16}$$

wobei $\underline{K}_K$ ebenfalls ein Operator ist, der auf Ausdrücke mit Kernkoordinaten wirkt, denn seine Form ist:

$$\underline{K}_K = -\sum_{\lambda=1}^{N} \frac{1}{2M_\lambda} \left\{ \frac{\partial^2}{\partial R^2_{\lambda x}} + \frac{\partial^2}{\partial R^2_{\lambda y}} + \frac{\partial^2}{\partial R^2_{\lambda z}} \right\} = -\sum_{\lambda=1}^{N} \frac{1}{2M_\lambda} \Delta_\lambda . \tag{17}$$

Man bezeichnet (17) als den *Operator der kinetischen Energie der N Kerne*. Er wird oft, wie in (17) angegeben, mit Hilfe von Δ_λ abgekürzt geschrieben.

Der Operator $\mathscr{H}$ steht für das Elektronensystem, wenn die Kerne festgehalten gedacht werden. Wir haben also

$$\mathscr{H} = -\tfrac{1}{2} \sum_{i=1}^{n} \Delta_i + V + W , \tag{18}$$

wobei wieder

$$\Delta_i = \frac{\partial^2}{\partial x_i^2} + \frac{\partial^2}{\partial y_i^2} + \frac{\partial^2}{\partial z_i^2} , \tag{18a}$$

als Operator der kinetischen Energie des i-ten Elektrons. V stellt dann die *Wechselwirkung der Elektronen untereinander* und mit den *Kernen* dar

$$V = + \sum_{i=1}^{n-1} \sum_{j=i+1}^{n} \frac{1}{r_{ij}} - \sum_{\lambda=1}^{N} \sum_{i=1}^{n} \frac{Z_\lambda}{r_{\lambda i}} \tag{18b}$$

und W schließlich ist die *Coulomb-Wechselwirkung* der N Kerne

$$W = + \sum_{\lambda=1}^{N-1} \sum_{\mu=\lambda+1}^{N} \frac{Z_\lambda Z_\mu}{R_{\lambda\mu}} . \tag{18c}$$

Zur näheren Erläuterung sei angegeben:

$$R_{\lambda\mu} = |\mathfrak{R}_\lambda - \mathfrak{R}_\mu|$$

$$r_{\lambda i} = |\mathfrak{R}_\lambda - \mathfrak{r}_i|$$

$$r_{ij} = |\mathfrak{r}_i - \mathfrak{r}_j| ,$$

wobei im einzelnen

$$r_{ij} = \sqrt{(x_i - x_j)^2 + (y_i - y_j)^2 + (z_i - z_j)^2} . \tag{19a}$$

$R_{\lambda\mu}$ und $r_{\lambda j}$ sind entsprechend wie r_{ij} in (19a) aus den Komponenten von $\mathfrak{R}_\lambda$, $\mathfrak{R}_\mu$ und $\mathfrak{r}_i$ aufgebaut.

Die Behandlung von (7) oder (9) ist schwierig, besonders wenn nicht stationäre Zustände betrachtet werden sollen. Man kann daher von einer *Näherung* Gebrauch machen, die von der Tatsache der wesentlich kleineren Masse des Elektrons gegenüber der Kernmasse ausgeht. Diese Tatsache kann näherungsweise so interpretiert werden, daß sich die Atomkerne in einem Potentialfeld befinden, welches sehr rasch von den leichteren Elektronen aufgebaut wird. Diese *Born-Oppenheimer-Näherung* spiegelt sich in der Wellenfunktion $\underline{\Psi}$ wieder, indem diese durch die obige Annahme als ein Produkt

$$\underline{\Psi} = \psi\,(\mathfrak{r}, \sigma, \mathfrak{R}, \mathfrak{z})\ \chi\,(\mathfrak{R}, \mathfrak{z}, \Sigma, t) \tag{20}$$

geschrieben werden kann. ψ und χ erfüllen nach der obigen Approximation die *Schrödinger-Gleichungen*

$$\mathcal{H}\psi = \mathcal{E}\psi \tag{21}$$

$$\{\underline{K}_K + \mathcal{E}\}\,\chi = i\,\frac{\partial\chi}{\partial t}, \tag{22}$$

indem der Übergang über (20) so zu verstehen ist, daß nach der Born-Oppenheimer-Näherung an Stelle von (7) die beiden Gleichungen (21) und (22) treten. (20) stellt das n-Elektronensystem im Felde der festgehalten gedachten N-Atomkerne dar. Seine Gesamtenergie ist $\mathcal{E}$. Die Elektronenverteilung wird durch ψ beschrieben. $\mathcal{E}$ ist eine Funktion von $\mathfrak{R}$ und $\mathfrak{z}$.

Man nennt $\mathscr{E}$ die *Energiehyperfläche des Elektronensystems,* sie ist bei der Behandlung von (22) notwendig, wo sie als Potential auftritt, in welchem sich die N Kerne befinden. Gleichung (22) stellt daher die Schrödinger-Gleichung der Atomkernbewegungen bei nichtstationären Zuständen des „Kerngerüstes“ dar. Sollen nur die stationären Zustände des Kernsystems behandelt werden, so ist entsprechend (8)

$$\chi(\mathfrak{R}, \mathfrak{z}, \Sigma, t) = \bar{\chi}(\mathfrak{R}, \mathfrak{z}, \Sigma)\, e^{-i\bar{\mathscr{E}}t} \tag{23}$$

zu setzen und (22) geht über in

$$\{\underline{K}_K + \mathscr{E}(\mathfrak{R}, \mathfrak{z},)\}\,\bar{\chi} = \bar{\mathscr{E}}\,\bar{\chi}. \tag{22a}$$

Genauer gesagt, erhält man aus (21) ein Spektrum von $\mathscr{E}_k$-Werten mit den dazugehörigen Wellenfunktionen ψ_k der Elektronen, und jeweils auf einer bestimmten Hyperfläche $\mathscr{E}_k$ werden die Kernbewegungen nach (22) oder (22a) berechnet. Es sollte daher ausführlicher für (22a)

$$\{\underline{K}_K + \mathscr{E}_k(\mathfrak{R}, \mathfrak{z},)\}\,\bar{\chi}_{kl} = \bar{\mathscr{E}}_{kl}\,\bar{\chi}_{kl} \tag{22b}$$

geschrieben werden. Während k die Zustände (diskret und kontinuierlich) des Elektronensystems numeriert, unterscheidet der Index l in (22b) die verschiedenen Kernsystemzustände auf der Energiehyperfläche $\mathscr{E}_k$! Aus χ_k bzw. $\bar{\chi}_{kl}$ können dann die entsprechenden Atomkernverteilungen erhalten werden.

Im Rahmen der Born-Oppenheimer-Näherung tritt an Stelle von (7a)

$$\int \psi_k^* \psi_k \, d\mathfrak{r}\, d\sigma = 1 \tag{23a}$$

$$(k = 0, 1, \ldots)$$
$$(l = 0, 1, \ldots)$$

$$\int \bar{\chi}_{kl}^* \bar{\chi}_{kl} \, d\mathfrak{R}\, d\Sigma = 1 \tag{23b}$$

und für (11) erhält man

$$W_k^{(e)}(\mathfrak{r}, \mathfrak{R}, \mathfrak{z}) = \left[\int \psi_k^* \psi_k \, d\sigma\right] \Delta\mathfrak{r} \tag{24a}$$

$$W_{kl}^{(K)}(\mathfrak{R}, \mathfrak{z}) = \left[\int \bar{\chi}_{kl}^* \bar{\chi}_{kl} \, d\Sigma\right] \Delta\mathfrak{R} \tag{24b}$$

bei entsprechender Interpretation. Schließlich folgt für (12a) und (12b)

$$p_{jk}^{(e)}(\mathfrak{r}, \mathfrak{z}) = \int \frac{W_k^{(e)}(\mathfrak{r}, \mathfrak{R}, \mathfrak{z})}{\Delta\mathfrak{r}}\, d\mathfrak{r}_1 \ldots d\mathfrak{r}_{j-1}\, d\mathfrak{r}_{j+1} \ldots d\mathfrak{r}_n \tag{25a}$$

$$p_{\lambda kl}^{(K)}(\mathfrak{R}, \mathfrak{z}) = \int \frac{W_{kl}^{(K)}(\mathfrak{R}, \mathfrak{z})}{\Delta \mathfrak{R}} \, d\mathfrak{R}_1 \ldots d\mathfrak{R}_{\lambda-1} \, d\mathfrak{R}_{\lambda+1} \ldots d\mathfrak{R}_N, \tag{25b}$$

so daß wieder die Elektronen- und Kerndichten nach (13a) und (13b) erhalten werden können.

Auf Grund der obigen Näherung ist für $\bar{\mathcal{E}}_k$ (bzw. $\bar{\mathcal{E}}_{k'}$) in (14) ausführlicher $\bar{\mathcal{E}}_{kl}$ (bzw. $\bar{\mathcal{E}}_{k'l'}$) nach (22b) zu schreiben. Es ist aber zu betonen, daß nur Übereinstimmung aller Größen im Rahmen der Born-Oppenheimer Näherung zu erwarten ist, das gilt für $\bar{\mathcal{E}}_{kl}$ ebenso wie für die *Dichten und Übergangswahrscheinlichkeiten*, die sich jetzt nach

$$\int \psi_k^* \, G(\mathfrak{r}, \mathfrak{z}) \, \psi_{k'} \, d\mathfrak{r} \, d\sigma \tag{26a}$$

$$\int \bar{\chi}_{kl}^* \, H(\mathfrak{R}, \mathfrak{z}) \, \bar{\chi}_{k'l'} \, d\Sigma \, d\mathfrak{R} \tag{26b}$$

ergeben. Man kann auch mit (20) arbeiten und erhält nach (15)

$$\int \psi_k^* \, \bar{\chi}_{kl}^* \, F(\mathfrak{r}, \mathfrak{R}\, \mathfrak{z}) \, \psi_{k'} \, \bar{\chi}_{k'l'} \, d\mathfrak{r} \, d\mathfrak{R} \, d\sigma \, d\Sigma \, . \tag{27}$$

Der Form (27) ist, wenn möglich, den Vorzug zu geben.

3. Allgemeine Struktur der Absolutrechnungen

Die Born-Oppenheimer-Näherung (*4*) ermöglicht die wellenmechanische Behandlung der chemischen Fragen in fünf Schritten durchzuführen.

Danach kann an den folgenden Weg gedacht werden:

I. Zuerst Behandlung der zeitunabhängigen Schrödinger-Gleichung des Elektronensystems nach (21). Berechnung von ψ und $\mathcal{E}$.

II. Auffinden einer analytischen Approximation für Energiehyperflächen, die alle Informationen über $\mathcal{E}$ zu verarbeiten gestattet.

III. Nach analytischer Kenntnis von $\mathcal{E}_k$, die Behandlung stationärer Kernsystemzustände nach (22b).

IV. Nach Kenntnis von $\bar{\chi}_{kl}$ aus (22b), Übergang zu nichtstationären Zuständen des Kerngerüstes nach Gleichung (22).

Schließlich

V. Bei Kenntnis der Lösungen von (21) und (22) und der dazugehörigen Energiewerte, Übergang zur zeitabhängigen Schrödingergleichung von Elektronen- und Kernbewegungen nach (7).

Wir können dabei von drei Phasen sprechen:
Phase 1: Punkt I (Elektronenzustände)
Phase 2: Punkt II (Hyperflächen)
Phase 3: Punkte III, IV und V (Elektronen- und Kernbewegungen).

Absolutrechnungen, die oft auch *ab-initio-Verfahren* genannt werden, da sie von den Basisgleichungen der Wellenmechanik ausgehen und keine empirischen Werte erforderlich machen, werden sich also nach diesem Schema entwickeln, wobei besonders die Verwendung von großen elektronischen Rechenmaschinen von Vorteil ist.

Als Kriterium der Güte eines solchen Vorgehens können vier Punkte genannt werden:

α) Die Fundierung (Sicherheit) der Voraussagen,
β) die Genauigkeit der Ergebnisse und Informationen und ihre Interpretation,
γ) die Größe der der Behandlung zugänglichen Systeme und
δ) die Arbeitszeit bei der Anwendung der einzelnen Verfahren.

Was die Fundierung nach α) anbetrifft, so ist bis auf die Born-Oppenheimer-Näherung in den ersten beiden Phasen, die in der 3. Phase wieder aufgehoben wird, alles wellenmechanisch fundiert. Es ist nicht nötig empirische Anleihen zu verwenden.

Aufgabe der Quantenchemie ist es, die Möglichkeiten in β) γ) und δ) zu erweitern und zu verbessern!

4. Modellrechnungen und ab-initio-Verfahren

Bevor auf die obigen Punkte eingegangen werden wird, soll die Rolle der Modellrechnungen besprochen werden, deren Problematik besonders in der ersten Phase auftritt.

Bekanntlich kann man drei Wege der Quantenchemie nennen, die sich in der *Methodik des Vorgehens* unterscheiden (*5*).

1. die halbempirischen Verfahren,
2. die halbtheoretischen Verfahren,
3. die rein theoretischen Verfahren.

Auf die Einzelheiten dieser Unterscheidungen sei hier nicht eingegangen. Wichtig ist festzustellen, daß nur die Vorgehen nach 3. fest fundiert im Sinne von α) sein können und die Absolutrechnungen einschließen. Nur in diesem Falle liegt den Rechnungen ein Hamilton-Operator zu Grunde, und es werden keine empirischen Daten verwendet. Andererseits verlieren die Rechnungen dadurch sogar ihre Konsistenz zum Hamilton-Operator. Wir haben dann nur noch halbtheoretische Schemata (Punkt 2), deren Voraussagewert gering ist.

Aber selbst im Punkt 3 müssen weitere Unterscheidungen getroffen werden. Sei $\mathscr{H}$ der exakte Hamilton-Operator (1. Phase) nach (18), so kann an drei Möglichkeiten gedacht werden:

$$\begin{array}{ll} \text{A) } \mathscr{H},\ \psi \to \tilde{\psi} & \text{Absolutrechnungen} \\ \text{B) } \mathscr{H} \to \tilde{\mathscr{H}},\ \psi & \multirow{2}{*}{\} Modellrechnungen} \\ \text{C) } \mathscr{H} \to \tilde{\mathscr{H}},\ \psi \to \tilde{\psi} & \end{array}$$

Im Fall A) bleibt $\mathscr{H}$ erhalten und es werden Näherungslösungen $\tilde{\psi}$ von (21) gesucht

$$\tilde{\psi}_k \approx \psi_{kj}\ \tilde{\mathscr{E}}_k \approx \mathscr{E}_k\,. \tag{28}$$

Die Verfahrenswege B) und C), die man als *Modellrechnungen* bezeichnen kann, verwenden einen Operator $\tilde{\mathscr{H}}$, der nur in einigen Zügen mit $\mathscr{H}$ übereinstimmt oder Ähnlichkeiten mit $\mathscr{H}$ besitzt:

$$\mathscr{H} \to \tilde{\mathscr{H}} \quad \tilde{\mathscr{E}}_k \approx \mathscr{E}_k\,. \tag{29}$$

In B) bedeutet ψ die exakte Lösung der Schrödinger-Gleichung mit $\tilde{\mathscr{H}}$, so daß auch diese Wellenfunktion prinzipiell nicht mit der Lösung von $\mathscr{H}$ übereinstimmen kann. Gerade der Übergang $\mathscr{H} \to \tilde{\mathscr{H}}$ ist problematisch, da man schwerlich erfahren kann, ob so vorgegangen werden darf. Vorstellungen, die mit dem Übergang $\mathscr{H} \to \tilde{\mathscr{H}}$ verbunden werden, sind Modellvorstellungen, die auch dann noch vorliegen, wenn in A) Übergänge $\psi \to \tilde{\psi}$ mit gewissen bildlichen Vorstellungen verknüpft werden. Wir müssen aber auch dann von Modellvorstellungen sprechen, wenn gewisse Vorgänge in der chemischen Bindung ohne vorhergehende Rechnungen mit bildhaften Vorstellungen interpretiert werden. Hier liegt also ein unnötiges Vorurteil vor, da die Rechnung entscheiden kann, wie die Verhältnisse sind. Oft aber werden durch den Übergang $\mathscr{H} \to \tilde{\mathscr{H}}$ Ergebnisse erhalten und diese dann modellhaft interpretiert, wobei diesen Vorstellungen ein bestimmter Wahrheitsgehalt zugeordnet wird (*6*). Viele Beispiele zeigen, daß auf diese Weise leicht der wirkliche Sachverhalt falsch verstanden werden kann (*7*). Auch sind Rechnungen, die den Übergang $\mathscr{H} \to \tilde{\mathscr{H}}$ durch Modellvorstellungen vornehmen, fast immer sehr ungenau und liefern wenig fundierte Voraussagen, ganz zu schweigen, daß es sich dabei um keine Absolutrechnungen handelt (*8*).

Typische Beispiele für fehlerhafte Modellvorstellungen sind etwa (*9*)

1′) die Vorstellung von der Abstoßung der Atomrümpfe

2′) die Vorstellung von der Anregung eines C-Atoms bei der Bildung CH_4 (oder ähnlichen Verbindungen)

3′) die Annahme, daß in π-Elektronensystemen alle Einelektronen-π-Zustände über den σ-Zuständen liegen

4′) die Meinung, daß in Molekülen jede Elektronenanregung zu einer Vergrößerung der kinetischen Energie führt

5′) die Vorstellung, daß beim Zustandekommen der chemischen Bindung die kinetische Energie der Elektronen abnimmt und schließlich

6′) die Auffassung, daß Edelgase, wegen ihrer abgeschlossenen Schalen, keine Bindungen eingehen.

Werden die Vorstellungen am Übergang $\psi \rightarrow \tilde{\psi}$ in A) entwickelt, so ist wegen der Verwendung von $\mathscr{H}$ die Fundierung des Vorgehens grundsätzlich gesichert, dagegen wird mit dieser Vorstellung und mit dem damit Verbundenen $\tilde{\psi}$ die Frage nach β) aufgeworfen im Zusammenhang mit den Punkten γ) und δ).

Zusammenfassend müssen wir daher feststellen (2), daß Modellvorstellungen bildliche Abkürzungen für gewisse Zustände und Vorgänge sind, wobei angenommen wird, daß diese Vorstellungen das Wesentliche erfassen und vielen Zuständen und Vorgängen in der chemischen Bindung gemeinsam sind. Diese Vorstellungen werden in der Regel anderen Gebieten der Naturwissenschaften entnommen. Da aber die *Schrödinger-Gleichung keine bildhafte Interpretation zuläßt,* ist alles Weitere eine Beifügung, die nicht bewiesen werden kann, wenn man Wahrheitsgehalt erwartet, besonders dann, wenn dies *vor* den wellenmechanischen Untersuchungen geschieht. Es muß in jedem Falle erst an Hand von Absolutrechnungen geprüft werden, wann (im Sinne einer bildlichen Abkürzung) ein solches Bild verwendet werden darf.

Setzt man

$$\mathscr{H} = \tilde{\mathscr{H}} + (\mathscr{H} - \tilde{\mathscr{H}}) = \tilde{\mathscr{H}} + \Delta \tilde{\mathscr{H}}, \tag{30}$$

so geht es darum zu zeigen, daß $\Delta \tilde{\mathscr{H}}$ in allen Fällen in seinem Einfluß klein ist und die Annahme (29) rechtfertigt. Auch dies ist nur mit Absolutrechnungen möglich!

Der heutige Stand der Absolutrechnungen läßt die Feststellung zu, daß die Bedeutung der Verfahren nach 1) und 2) immer mehr abnimmt, und daß auch Vorgehen nach B) und C) in ihrem Einfluß auf die Theoretische Chemie nicht mit den Absolutrechnungen konkurieren können.

5. Die Absolutrechnungen in der 1. und 2. Phase

Schon die näherungsweise Kenntnis von $\mathscr{E}_k$ und ψ_k aus (21) ermöglicht eine große Anzahl von Informationen über das System zu erhalten.

Aus $\tilde{\psi}_k$ lassen sich Näherungen über die Elektronenverteilungen und Dichten berechnen, wie oben angegeben. Darüber hinaus enthält das wellenmechanische Kalkül Integrationen von der Form (3)

$$\int \tilde{\psi}_k^* \underline{O}_L \tilde{\psi}_{k'} \, d\mathfrak{r} \, d\sigma, \tag{31}$$

die mit $\tilde{\psi}$ Näherungswerte für bestimmte Meßgrößen (Dipolmomente, Impulse, Drehimpulse, Feldgradienten, usw.) sind. Dabei ist der Operator $\underline{O}_L$ in (31) eindeutig mit den nach (31) auszurechnenden Meßgrößen verbunden. Man nennt (31) die *wellenmechanischen Übergangselemente und Erwartungswerte*, aus denen sich alle weiteren Informationen über das n-Elektronensystem ergeben. Gleichung (13) oder die Gleichungen (26) und (27) gehören ebenfalls zu diesen Ausdrücken, wobei dann $\underline{O}_L \equiv F$, G oder H ist.

Ist $\underline{O}_L \equiv \mathscr{H}$, dann stellt (31) bei $k = k'$ die Energiehyperfläche $\mathscr{E}_k$ dar (Näherungswert $\tilde{\mathscr{E}}_k$).

In allen Fällen muß nach (7a) die $\tilde{\psi}_k$-Funktion normiert sein, indem jetzt wegen (23) gilt

$$\int \tilde{\psi}_k^* \tilde{\psi}_k \, d\mathfrak{r} \, d\sigma = 1 \,. \tag{32}$$

Zur Berechnung von $\tilde{\mathscr{E}}_k$ müssen somit Integrationen durchgeführt werden.

Aus der Kenntnis von $\tilde{\mathscr{E}}_k$ können folgende *Informationen* erhalten werden:

1) Näherungen für Gesamtenergien, Anregungsenergien, Ionisierungsenergien, Elektronenaffinitäten, Reaktionswärmen und adiabatische Aktivierungsenergien, wenn $\tilde{\mathscr{E}}_k$ für verschiedene k und für Systeme mit verschiedenen Elektronenzahlen für bestimmte $\mathfrak{R}$-Bereiche bekannt ist.

2) Näherungswerte für Kraftkonstanten und Schwingungsfrequenzen, wenn der Verlauf der Energiehyperflächen in der Umgebung der Energieminima berechnet und die Masse der Atomkerne bekannt ist.

3) Strukturen der Moleküle, wenn die Lage der $\tilde{\mathscr{E}}$-Minima bekannt ist. Daraus lassen sich auch Aussagen auf metastabile Zustände machen.

4) Wahrscheinlichster Reaktionsverlauf durch Auffinden der adiabatischen Reaktionskoordinate, wenn der Verlauf der Energiehyperfläche zwischen den verschiedenen Minima vorliegt.

5) Näherungsweise Reaktionsgleichgewichte und Lebensdauern von Systemen, wenn $\tilde{\mathscr{E}}_k$ zwischen verschiedenen Minima bekannt ist.

6) Verhalten bei Übergängen in andere Energiehyperflächen (Franck-Condon-Übergänge), wenn diese für bestimmte Kernlagenbereiche vorliegen,

und schließlich

7) Zustandssummen, wenn die Umgebung der Minima auf der Energiehyperfläche bekannt ist.

Nachdem dargelegt wurde, welche Informationen schon aus der 1. und 2. Phase zu erhalten sind, soll in der folgenden Zusammenstellung allgemein gezeigt werden, welche Schritte (I–V) jeweils *vorher* notwendig gemacht werden müssen, damit der nächste eingeleitet werden kann.

Schritt	davor notwendige Schritte	Bedeutung
I	—	—
II	I	Kenntnis punktweiser $\mathcal{E}$-Werte notwendig
III	II	Kenntnis eines analytischen $\mathcal{E}$ vorausgesetzt
IV	II+III	$\bar{\chi}$ und $\mathcal{E}$ erforderlich, um χ aufzubauen
V	I+II+III+IV	$\underline{\Psi}$ wird durch ψ und χ, sowie $\mathcal{E}$ dargestellt.

Es kann also kein Schritt (keine Phase) übersprungen werden. Diese Tatsache läßt die Absolutrechnungen erst im rechten Licht erscheinen. Man erkennt, daß eine genügende Kenntnis von wellenmechanischen Rechnungen über Moleküle bei festgehaltenen Kernen notwendig ist – einschließlich eines bestimmten Wissens über die Güte der Näherungen –, wenn der zweite Schritt begonnen werden soll. Die wellenmechanischen Absolutrechnungen sind daher kein Selbstzweck (obwohl schon einiges über die Moleküle erfahren werden kann), sondern Anfang eines umfangreichen quantenchemischen Programms, welches die Reaktivität im allgemeinsten Sinne zum Ziel hat. Schon aus diesem Grunde verbietet sich die Anwendung von Modellen nach B) und C).

Es ist daher notwendig, daß die moderne Quantenchemie über ein breites und allgemeines Konzept verfügt, welches wohl in dieser Form das erste Mal dargelegt wurde.

Den Rechnungen nach A) ist gemeinsam, daß ihnen immer ein *Variationsverfahren* zu Grunde liegt, bei welchem mit einer Näherungsfunktion $\tilde{\psi}$ gearbeitet wird, die noch (bei fester Kernlage) von vorerst freien Parametern $p_1, p_2, \ldots, p_P$ abhängt

$$\tilde{\psi} = \tilde{\psi}(\mathfrak{r}, \sigma, \mathfrak{R}, \mathfrak{z}; p_1, p_2, \ldots, p_P). \tag{33}$$

Diese P Parameter werden dann so bestimmt, daß $\tilde{\psi}$ möglichst gut mit ψ übereinstimmt, wobei betont werden muß, daß wir bei der Definition der Güte der Approximation (28) noch frei sind (*10*). Konsistent scheint für die Güte der Näherung

$$\tilde{\psi} \approx \psi \tag{28a}$$

der Ausdruck

$$\int [\underline{O}_L (\tilde{\psi} - \psi)]^2 \, d\mathfrak{r} \, d\sigma = \delta^{(2)}_{\underline{O}_L} \tag{34}$$

zu sein, wobei $\underline{O}_L$ in (30) erklärt ist. Daß der jeweilige Operator auftreten muß, läßt sich dadurch plausibel machen, daß zur Berechnung von gewissen Moleküleigenschaften nach (31) bestimmte Raumbereiche auftreten, in denen $\tilde{\psi}$ besonders gut ψ approximieren muß, und daß diese Raumbereiche von der Form von $\underline{O}_L$ abhängen!

Man kann zeigen (*10*), daß trotz des Überganges

$$\tilde{\mathscr{E}} \to \mathscr{E} \tag{35}$$

der Ausdruck

$$\int [\tilde{\psi} - \psi^2) \, d\mathfrak{r} \, d\sigma \tag{35a}$$

mit einem zu $\tilde{\mathscr{E}}$ gehörenden $\tilde{\psi}$ immer größer wird. Die Güte einer Näherungsfunktion (33) kann daher nur im Hinblick auf die aus ψ zu berechnenden Informationen verstanden werden.

Die wesentlichsten Variationsverfahren können wir in drei Gruppen einteilen (*11*):

u) Verfahren, bei denen die erhaltenen Energiewerte obere Schranken für die wirklichen sind.

v) Methoden, die nur Näherungen ($\tilde{\mathscr{E}} \approx \mathscr{E}$) liefern.

w) Verfahren, durch die untere Schranken für die $\mathscr{E}$ erhalten werden.

Allen Vorgehen ist gemeinsam, daß $\tilde{\psi}$ in (33) so angesetzt wird, daß die Vergrößerung von P die Güte von $\tilde{\psi}$ notwendig verbessert.

Im Prinzip können alle Ansätze nach (33) in u), v) und w) Verwendung finden. Allein Zweckmäßigkeitsbetrachtungen sind es, die diesen oder jenen Ansatz in einem der Verfahrenswege besonders bevorzugt erscheinen lassen. Es lassen sich dabei vier Kriterien finden, nach denen die Brauchbarkeit von (33) diskutiert werden kann:

a) Die Variabilität von $\tilde{\psi}$

b) Die Möglichkeit bildlicher Interpretation der Ergebnisse

c) Den Umfang und Schwierigkeitsgrad der Integrationen mit $\tilde{\psi}$

d) Die Allgemeinheit der Anwendungsmöglichkeiten von $\tilde{\psi}$

Durch die Variationsverfahren werden dann für bestimmte Kernlagen $\mathfrak{R}$ die Gesamtenergien von Molekülen (oder Atomsystemen) berechnet. Um im zweiten Schritt (2. Phase) die $\tilde{\mathscr{E}}$ analytisch zu erhalten, werden dann Ansätze der Form

$$\tilde{\mathscr{E}} = \tilde{\mathscr{E}}(\mathfrak{R}, \mathfrak{z}; \alpha_1, \alpha_2, \ldots \alpha_A), \tag{36}$$

verwendet, die wiederum vorerst freie Parameter $\alpha_1, \alpha_2 \ldots, \alpha_A$ erhalten, die dann so bestimmt werden, daß $\tilde{\mathscr{E}}$ nach (36) möglichst gut mit den berechneten $\tilde{\mathscr{E}}$-Punkten übereinstimmt. Gegebenenfalls können noch weitere Bedingungen gefunden werden, nach denen die α berechnet werden können. Dabei ist es von Vorteil, wenn mathematische Verhaltensweisen bekannt sind, die von der exakten Energiehyperfläche gezeigt werden (*12*).

Die Rolle der p_i in (33) ist dabei von der der α_i in (36) zu unterscheiden. Während die p_i im Rahmen von Variationsverfahren, bei denen die zeitunabhängige Schrödinger-Gleichung der Elektronen (feste Kerne) näherungsweise bestimmt wird, berechnet werden, soll mit Hilfe der α_i der analytische Ansatz (36) so festgelegt werden, daß $\tilde{\mathscr{E}}$ gut mit theoretisch berechneten Werten zusammenfällt, und gegebenenfalls gewisse Verhalten von $\mathscr{E}$ mit erfaßt.

Die Aufgabe der Theorie besteht daher unter anderem auch darin, die *Form der Ansätze* (33) und (36) zu überlegen. Für $\tilde{\mathscr{E}}$ nach (36) können ebenfalls einige Kriterien der Güte angegeben werden:

a′) Die Variabilität von $\tilde{\mathscr{E}}$ bezüglich der α

b′) Der Umfang und der Schwierigkeitsgrad der Berechnungen der α

c′) Die Brauchbarkeit von $\tilde{\mathscr{E}}$ (nach (36)) in der Schrödinger-Gleichung der Kernbewegungen.

d′) Die Allgemeinheit der Anwendbarkeit von $\tilde{\mathscr{E}}$ (nach (36)).

6. Die 3. Phase

Die gegenwärtige Situation bezüglich der drei Phasen der Quantenchemie kann so beschrieben werden, daß schon seit über 35 Jahren wellenmechanische Verfahren zur Berechnungvon Molekülen vorliegen, daß aber erst vor einiger Zeit in der *1. Phase* ein gewisser Durchbruch gelungen ist. Wir werden darüber näher im 7. Abschnitt sprechen. Obwohl auch hier nach wie vor die Fragen nach neuen Methoden akut sind, so liegen wiederum schon eine Reihe erprobter Möglichkeiten vor, chemisch interessante Systeme zu behandeln. Man darf sagen, daß zur Zeit das Schwergewicht der Forschung noch ganz in der 1. Phase liegt, aber es wird nicht mehr lange so bleiben, da die vielen Resultate, die die schnellen elektronischen Rechenmaschinen herausgeben, eine baldige Zusammenfassung und Verwertung verlangen.

Was daher die *2. Phase* anbetrifft, so liegen erst seit einigen Jahren die ersten Vorschläge für eine analytische Approximation der Energiehyperflächen für beliebige Anzahlen von Atomen vor (*13*). Dagegen waren Näherungen für die Energiekurven zweiatomiger Moleküle (oder Systeme) schon länger bekannt (*12*). Die bisher durchgerechneten Systeme mit $N > 2$ sind nicht sehr zahlreich. Auf diesem Gebiete beginnen erst die Untersuchungen, doch die mathematische Konzeption des Vorgehens ist im großen und ganzen gesichert (*14*).

Die *3. Phase* zerfällt noch obiger Angabe in die drei Schritte III, IV und V. Hier ist noch sehr wenig erarbeitet worden. Allein für $N = 2$ ist für spezielle Formen von (36) schon der III. Schritt durchgeführt worden (*14*). Untersuchungen in den Schritten IV und V fehlen fast völlig.

Die Konzeption, die zu der Dreiteilung der 3. Phase führt, läßt sich dagegen angeben:

Die Behandlung nach (7) im Sinne des V. Schrittes kann in Erweiterung von (20) und (23) in der Form (*15*).

$$\underline{\Psi} = \sum_k \psi_k(\mathfrak{r}, \sigma, \mathfrak{R}, \mathfrak{z}) \sum_l C_{kl}(t)\, \bar{\chi}_{kl}(\mathfrak{R}, \mathfrak{z}, \textstyle\sum)\, e^{-i\bar{\varepsilon}_{kl}t} \tag{37}$$

angesetzt werden, wobei die Bestimmung der $C_{kl}(t)$ das Ziel ist. Gleichung (20) ist dann ein Spezialfall von (37). Während ψ_k aus der 1. Phase her bekannt ist, werden $\bar{\chi}_{kl}$ und $\bar{\mathscr{E}}_{kl}$ im Rahmen der Schritte III und IV berechnet. Bemerkenswert dabei ist, daß die Summe über l (37) schon im IV. Schritt notwendig ist. Andererseits sind die Energiehyperflächen erforderlich, wenn $\bar{\chi}_{kl}$ und $\bar{\mathscr{E}}_{kl}$ bestimmt werden sollen. Aus diesen Überlegungen ergibt sich das obige Schema über die vorausgesetzten Schritte, beim Übergang zu einem neuen.

Mit (37) können dann die Übergänge zwischen den einzelnen Zuständen behandelt werden, besonders Reaktionsübergänge, wenn in (37) einige Zustände des Kontinuums mitgenommen werden.

Die Gleichung (37) stellt sozusagen die Basis der 3. Phase dar, und es sei in diesem Zusammenhang auf die Ausführungen des 2. Abschnittes verwiesen. Mit (37) wird die Born-Oppenheimer-Näherung verlassen, wobei die Entwicklung selbst noch die einzelnen ψ_k und χ_{kl} enthält!

7. Die Struktur der Absolutrechnung im Schritt I (*16*)

Die Diskussion der Funktion $\tilde{\psi}$ nach (33) unter Berücksichtigung der Punkte a) bis d) und im Hinblick auf die Verfahrensweisen u, v und w haben zu folgenden Möglichkeiten des Aufbaus geführt:

U) $\tilde{\psi}$ wird aus sogenannten *Gruppenfunktionen* (Funktionen, die von mehr als zwei Elektronen abhängen) aufgebaut.

V) Beim Aufbau von $\tilde{\psi}$ werden nur *Zweielektronenfunktionen* (*Geminale*) verwendet.

W) $\tilde{\psi}$ wird aus *Einelektronenfunktionen* aufgebaut.

In allen Fällen werden auch die *Spinfunktionen* α und β berücksichtigt und $\tilde{\psi}$ muß, wie auch ψ, nach dem Pauli-Prinzip bei der Vertauschung zweier Elektronenkoordinaten sein Vorzeichen wechseln:

$$T_{ij}\,\tilde{\psi}_k = -\tilde{\psi}_k \qquad (k=0,1,\ldots) \tag{38}$$

(T_{ij} Operator der Vertauschung zweier Elektronenkoordinaten: $\mathfrak{r}_i \longleftrightarrow \mathfrak{r}_j$).

Darüber hinaus sollte $\tilde{\psi}$, ebenfalls wie ψ, Eigenfunktion zum Quadrat des *Gesamteigendrehimpulses* (*Gesamtspin*)

$$\underset{=}{S}^2\,\tilde{\psi}_k = S\,(S+1)\,\tilde{\psi}_k\,, \tag{39}$$

sowie zu dessen Projektion

$$\underset{=}{S}_z\,\tilde{\psi}_k = S_z\,\tilde{\psi}_k \tag{40}$$

sein.

Dabei sei an die Einführung von $\underset{=}{Q}_L$ im Abschnitt 5 erinnert. $\underset{=}{S}^2$ sowie $\underset{=}{S}_z$ sind die Operatoren $\underset{=}{Q}_L$ für das Quadrat des Gesamtspins und dessen Projektionen auf irgendeine Achse. Die Gleichungen (39) und (40) werden auch von der exakten Wellenfunktion ψ erfüllt, dabei stellen S bzw. S_z die Werte der jeweiligen Größen (Meßgrößen) dar.

Wegen (32) folgt aus (39) und (40) als Spezialfall von (31)

$$\int \tilde{\psi}_k^*\,\underset{=}{S}^2\,\tilde{\psi}_k\,d\mathfrak{r}\,d\sigma = S\,(S+1) \tag{41}$$

$$\int \tilde{\psi}_k^*\,\underset{=}{S}_z\,\tilde{\psi}_k\,d\mathfrak{r}\,d\sigma = S_z\,. \tag{42}$$

Neben diesen Forderungen an $\tilde{\psi}$ sollte unter Umständen $\tilde{\psi}$ noch weiteren Symmetrieforderungen genügen, wenn das Atomsystem solche Symmetrien zeigt. Dabei ist allerdings zu bedenken, daß viele notwendige Punkte auf der Energiehyperfläche, (um dann im II. Schritt $\mathcal{E}$ analytisch zu erfassen), zu Kernkonstellationen gehören, denen keine Symmetrie zukommt. Wenn ein Molekül schwingt oder mit anderen reagiert, werden fast immer solche Kernlagen durchlaufen.

Von den oben genannten Punkten (U, V, W) ist U) bisher nur rein vom theoretischen Standpunkt aus diskutiert worden. Dagegen liegen mit Geminalen (V) schon einige Rechnungen vor. Leider ist hier noch vieles unbefriedigend, obwohl eine Methode des Zweiteilchenfunktionenaufbaues sehr leistungsfähig sein könnte.

Aus diesem Grunde ist der *Aufbau der Wellenfunktionen mit Einteilchenfunktionen* besonders vorangetrieben worden. Hier erhebt sich die Frage nach dem verwendeten Einelektronenfunktionssatz ϕ, und es können bisher dabei folgende Möglichkeiten unterschieden werden:

a″) Wasserstoff-Funktionen (Wellenfunktionen des H-Atoms)

b″) Slater-Funktionen (Einelektronen-Atomfunktion, AO, *atomic orbitals*)

c″) Gauß-Funktionen (GO, *gauss-orbitals*)

d″) Spezielle, den jeweiligen Problemen angepaßte Funktionen.

Ferner ist noch zu unterscheiden, ob

α') alle ϕ in einem Raumpunkt lokalisiert sind (Einzentrumentwicklung, UAM, *united atom method*)

β') die ϕ nur an den Atomkernen lokalisiert sind, und somit genäherte Atomfunktionen (AO) darstellen

γ') die ϕ auch zwischen den Atomkernen zentrisiert sind und bei der Kernbewegung mitgeführt werden

und schließlich, ob

δ') die ϕ fixiert im ganzen Raum verteilt sind und nicht mitgeführt werden, wenn sich die Kerne bewegen.

Alle diese Möglichkeiten müssen in Zusammenhang mit den Punkten a) bis d) gesehen werden und auch die Möglichkeiten U, V und W müssen dabei berücksichtigt werden! Schließlich geht auch die Leistungsfähigkeit der Rechenmaschinen bei den Betrachtungen ein. Ein weiterer Aspekt tritt noch dadurch auf, daß auch die Wahl von ϕ so getroffen werden muß, daß mit $\tilde{\psi}$ in den weiteren Schritten gut gerechnet werden kann. Nach (37) wäre es wünschenswert, wenn auch χ_{kl} mit entsprechenden Funktionen aufgebaut werden kann.

Die Diskussionen über alle Zusammenhänge und Möglichkeiten sind seit Jahren im Fluß und werden noch einige Zeit anhalten. Während man früher den Slater-Funktionen sehr den Vorzug gab, die aber in den Integrationen schwierig sind, hat sich in den letzten Jahren eine neue Entwicklung abgezeichnet.

Es ist klar geworden, daß die Verwendung von Gauß-Funktionen nach c″) zusammen mit den Punkten β') und γ'), wie es der Verfasser schon vor Jahren vorschlug und durch Rechnungen belegte, die meisten Vorteile, auch im Hinblick auf die weiteren Schritte, einschließt. Dabei ist noch zu unterscheiden zwischen Gauß-Funktionen, die mit Kugelfunktionen oder Potenzen der kartesischen Koordinaten multipliziert werden und sogenannten *reinen Gauß-Funktionen* (GO)

$$\chi_p(\mathfrak{r}_i) = e^{-\eta_p (\mathfrak{r}_i - \mathfrak{r}_p)^2}. \tag{43}$$

Gerade die letzteren zeigen die Vorteile am besten und klarsten (*17*). η_p sowie der Ort der Funktion $\mathfrak{r}_p$ können als Parameter p_i nach (33) verwendet werden. In der vielzentrigen Integration ist (43) allen anderen Funktionen nach a″) bis d″) überlegen. Sie sind auch zum Aufbau von $\bar{\chi}_{kl}$ zu verwenden, wenn (22b) ebenfalls nach Variationsverfahren (vgl. UVW) behandelt werden soll. Es dürfte auch sicher sein, daß (43) im Falle der Verwendung von Zweielektronenfunktionen mit großem Vorteil eingesetzt werden kann! Hier erhebt sich die Frage, ob nicht Geminale (nach V)) noch den Elektronenabstand r_{ij} (vgl. Gleichung (19)) enthalten können, wenn (43) Verwendung findet.

Wie nun diese ϕ zu $\tilde{\psi}$ zusammengesetzt werden, kann wiederum durch mehrere Punkte unterschieden werden.

α″) $\tilde{\psi}$ wird durch eine *Determinante* aus den ϕ gebildet

$$\tilde{\psi} = \begin{vmatrix} \phi_1(1) & \cdots & \phi_n(1) \\ \vdots & & \vdots \\ \phi_1(n) & \cdots & \phi_n(n) \end{vmatrix} = |\phi_1 \phi_2 \ldots \phi_n| \tag{44}$$

β″) $\tilde{\psi}$ wird durch eine *Linearkombination von Determinanten*, dargestellt (C_K ebenfalls Variationsparameter)

$$\tilde{\psi} = \Sigma C_K \psi_{(K)} \tag{45}$$

$$\Psi_{(K)} = |\phi_1^{(K)} \ldots\ldots \phi_n^{(K)}|. \tag{45a}$$

Dazu kommt:

p) φ als *Linearkombination* von Funktionen ϕ allgemein nach a″) bis d″). An Stelle von ϕ in (44) und (45) eine Funktion

$$\varphi = \sum_{j=1}^{M} a_j \phi_j \tag{46}$$

q) φ als *eine* Funktion nach a″) bis d″)

r) φ *numerisch* vorgegeben.

Da ϕ (bzw. φ) noch den Elektronenspin enthält, müßten wir noch

$$\begin{aligned} \Phi &= \phi\alpha \\ \bar{\Phi} &= \phi\beta \end{aligned} \tag{47}$$

unterscheiden, wobei die Bemerkungen im Abschnitt 2 zu beachten sind.

Man spricht bei (46) von Linearkombinationen von Atomfunktionen (*linear combination of atomic orbitals, LCAO*) oder schreibt *LCGO*, wenn Gauß-Funktionen nach c″) oder (43) Verwendung finden. Die Koeffizienten a_j sind ebenfalls Variationsparameter p_i nach (33). Werden fixierte LCGO (oder LCAO) verwendet, die dann erst freie Koeffizienten enthalten, so wird oft z. B. *LC(LCGO)* geschrieben.

Mit α'', β'' sowie p, q und r werden alle Absolutrechnungen erfaßt, wenn Einelektronenfunktionen verwendet werden (vgl. W)).

Die hauptsächlichsten Verfahren können an Hand einer Tabelle diskutiert werden:

Punkte	Verfahren
α'') p)	Selbstkonsistentes Verfahren (*self-consistent-field, SCF*-Methode mit LCAO bzw. LCGO, LC(LCGO)
α'') q)	Allg. Variationsverfahren, FSGO-Methode (*30*)
α'') r)	Hartree-Fock-Verfahren, *HF-Verfahren*
β'') p) q) r)	allg. Determinantenentwicklung, speziell Konfigurationen-Wechselwirkung (*configuration interaction, CI-Methode*), Konstellationen von Gauß-Orbitalen, *KGO-Verfahren*

Alle diese Methoden können dann noch bezüglich a″) bis d″) und α') bis δ') unterschieden werden, was schon teilweise in der Tabelle geschehen ist. Schließlich ist noch zu entscheiden, welches Variationsverfahren im Rahmen von U, V und W jeweils Verwendung findet. Erst dann können die Kriterien der Güte nach α) bis δ) näher besprochen werden.

Erwähnt sei noch, daß die Ansätze nach (44) und (45) Einschränkungen erfahren können, wenn (39) und (40) beachtet werden.

Zur Zeit können mit einigen wellenmechanischen Absolutrechnungen unter Verwendung von Gauß-Funktionen Systeme bis zu ungefähr 60–80 Elektronen im hier besprochenen Sinne behandelt werden. Diese Frage hängt auch von den verwendeten elektronischen Rechenmaschinen ab, sowie von der Art der Programmierung, besonders was Genauigkeitsfragen angeht.

8. Analytische Darstellungen von Energiehyperflächen (Schritt II)

Die Rolle der Energiehyperflächen $\mathscr{E}$ kann im Sinne des Übergangs von (7) nach (21) und (22) unter Berücksichtigung von (20) in einem folgenden Diagramm dargestellt werden:

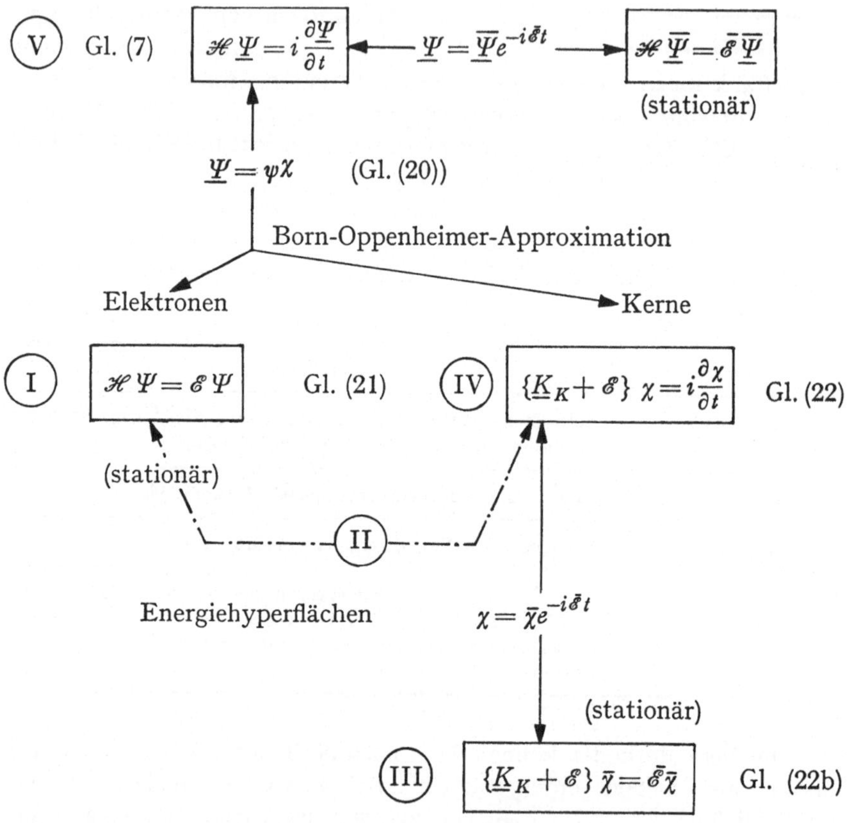

In Kreisen sind die Nummern der entsprechenden Schritte aufgenommen worden! Wegen der Form von $\mathscr{H}$ nach (18) ergibt sich $\mathscr{E}$ aus (21) exakt zu

$$\mathscr{E}=E+W, \tag{48}$$

wobei W in (18c) erklärt ist (Kernwechselwirkung) und E die sogenannte reine Elektronenenergie bedeutet.

Diese exakte Zerlegung von $\mathscr{E}$ wird bei fast allen Ansätzen für zwei Zentren nicht berücksichtigt (*12*). Wir wollen uns hier mit Ansätzen für $N > 2$ beschäftigen.

Obwohl W formal von allen zwischenatomaren Abständen abhängt, so sind davon mit wachsendem N einige von den anderen abhängig. Es gibt insgesamt $3N$ kartesische Koordinaten bei N Zentren, aber nur $F = 3N-6$ ($3N-5$ bei linearen Molekülen) sind unabhängig, da die starre Translation und Rotation den Wert von $\mathscr{E}$ nicht verändern kann.

Führen wir also F unabhängige Kernparameter $R_1, R_2, \ldots, R_F$ ein, und ist $\mathfrak{R}'$ die Gesamtheit aller R_j $(j = 1,2, \ldots, F)$, so gilt genauer

$$\mathscr{E} = E(\mathfrak{R}', \mathfrak{z}) + W(\mathfrak{R}', \mathfrak{z}) . \tag{49}$$

Ein Ansatz (*18*) für $\tilde{E}$ (W ist *exakt* bekannt) ist nun

$$\tilde{E} = \frac{\sum\limits_{f_1, f_2 \ldots f_F = 0}^{M_1, M_2, \ldots M_F} a_{f_1 f_2 \ldots f_F} R_1^{f_1} R_2^{f_2} \ldots R_F^{f_F}}{\sum\limits_{f_1, f_2, \ldots f_F = 0}^{M_1, M_2, \ldots M_F} a'_{f_1 f_2 \ldots f_F} R_1^{f_1} R_2^{f_2} \ldots R_F^{f_F}} \,. \tag{50}$$

Die Wahl von $M_1, M_2, \ldots M_F$ ist noch frei und richtet sich danach, wieviel Informationen über $\tilde{E}$ (bzw. $\tilde{\mathscr{E}}$) bekannt sind und wie genau E approximiert werden soll.

Ein beträchtlicher Vorteil von (50) besteht darin, daß alle Forderungen an (50), die man aus der Praxis heraus stellen kann, zu *linearen* Gleichungen in den a und a' führen. Solche Forderungen sind z. B.

f) Daß $\tilde{E}$ für bestimmte $\mathfrak{R}'$ bestimmte $\tilde{E}$-Werte annehmen soll.

g) Daß für $R_j \ll 1$ bzw. $R_j \gg 1$ das richtige Verhalten von E erfaßt wird.

h) Daß die Ableitungen von $\tilde{E}$ (bzw. $\tilde{\mathscr{E}}$) für bestimmte Kernlagen bestimmte Werte annehmen.

Schließlich geht $\tilde{E}$ nach (50) für einige $R_j \to 0$ oder $R_j \to \infty$ wieder in die gleiche mathematische Form über. Diese Übergänge entsprechen der Tatsache, daß einige Atome „nach unendlich gehen" und einige andere Atomladungen „zusammenfallen" (*vereinigte Atome*). So können zur Bestimmung der a und a' in (50) die Kenntnisse von niederzentrigen Systemen verwendet werden (Baukastenprinzip (*19*)).

Die Untersuchungen stehen hier noch ganz am Anfang. Zur Zeit liegen nur die $\tilde{\mathscr{E}}$-Flächen für die Systeme He, H, H und H_3^+ für $M_1 = M_2 = M_3 = 1$ vor. Der Fehler im ganzen $\mathfrak{R}'$-Bereich bleibt dabei immer unter rund 10% und ist in vielen Raumbereichen wesentlich kleiner (*13*).

Eine andere Entwicklung für E ergibt sich aus der *Störungsrechnung* des vereinigten Atoms. Danach gilt

$$E = \sum_{m_\lambda}^{\infty} \sum_{p=0}^{\infty} \Omega^{(p)}_{m_1, m_2, \ldots m_N}(\hat{\mathfrak{R}}') \frac{z_1^{m_1} z_2^{m_2} \ldots z_N^{m_N}}{\left(\sum_{\lambda=1}^{N} z_\lambda\right)^p}, \tag{51}$$

und es soll dabei gelten:

$$0 \leq \sum_{\lambda=1}^{N} m_\lambda \leq p+2, \qquad m_\lambda \geq 0. \tag{51a}$$

Weiter ist $\hat{\mathfrak{R}}'$ die Gesamtheit aller $\hat{R}_j$, wobei

$$\hat{R}_j = R_j \left(\sum_{\lambda=1}^{N} Z_\lambda\right); \qquad (j = 1, 2, \ldots F). \tag{51b}$$

Die Diskussion eines solchen Ansatzes (51) ist noch wenig durchgeführt. Abschätzungen bei H_2^+ und H_2 legen nahe, daß eine bestimmte Anzahl von Ω-Funktionen ausreicht, um befriedigende Genauigkeit für bestimmte Bereiche zu erwarten *(20)*.

Die Stärke von (51) liegt in seiner Allgemeinheit.

Nehmen wir einmal an, daß die Reihe (51) für einige Ω-Funktionen mit ausreichender Genauigkeit vorliegt; sagen wir für 100 Elektronen und 100 Zentren (z.B. 100 Wasserstoffatome), so sind damit alle Systeme mit 100 Elektronen und $N \leq 100$ erfaßt, weil E nach (48) auch dann existiert, wenn sich einige Ladungszentren vereinigen ($\hat{R}_{\lambda\mu} \to 0$). Das ist eine sehr große Anzahl von Systemen.

Aber die Zahl der in diesem Beispiel erfaßten Systeme ist noch größer, weil auch einige $\hat{R}_{\lambda\mu}$ unendlich groß werden können. Damit umfaßt der Bereich alle Atome und Moleküle, für die gilt

$$n \leq 100, \qquad N \leq 100. \tag{52}$$

Dazu gehören auch alle Ionen, da die Wahl der hundert Z_λ noch frei ist.

Im einzelnen muß das Verhalten von (51) für $\hat{R}_{\lambda\mu} \to \infty$ so sein, daß diese Reihe in eine Summe zweier (oder mehrerer) Reihen übergeht, wobei jede Entwicklung für sich jeweils diejenige des getrennten Teils darstellt.

Schließlich ist auch der extreme Fall darin enthalten, indem 100 H-Atome *getrennt* sind, so daß nach diesem Übergang die Summe (in atomaren Einheiten *(21)*

$$E = -\frac{1}{2} \sum_{\lambda=1}^{100} Z_\lambda^2; \qquad (Z_\lambda = 1) \tag{53}$$

vorliegt, wobei jedes Einelektronenatom die Energie

$$E = -\frac{1}{2} Z_\lambda^2 \tag{53a}$$

besitzt.

Sind dagegen vorher noch zwei Einheitsladungen vereinigt worden, so ergibt sich nach vollständiger Trennung anstelle von (53)

$$E = -\frac{1}{2} \sum_{\lambda=1}^{98} Z_\lambda^2 + E\,(He); \qquad (Z_\lambda = 1), \tag{54}$$

wobei sich die Energie für Helium in der Form

$$E(He) = -Z^2 + \frac{5}{8} Z - 0{,}15765\ldots + 0{,}00850 \frac{1}{Z} - \ldots \qquad (Z = 2) \tag{54a}$$

ergibt (22). Für Atome sind noch weitere Entwicklungen bekannt, die alle die Darstellung

$$E = \alpha_2 Z^2 + \alpha_1 Z + \alpha_0 + \frac{\alpha_{-1}}{Z} + \frac{\alpha_{-2}}{Z^2} + \ldots \tag{55}$$

haben (23), wobei die α_k allein eine Funktion der Elektronenzahl und des jeweils betrachteten Zustandes sind. Für $n = 1$ werden nach (53a) alle α_k für $k \leq 1$ Null und allgemein gilt dann

$$\alpha_2 = -\frac{1}{2\bar{n}^2}, \tag{56}$$

wenn $\bar{n}$ die Hauptquantenzahl des Atomzustandes bedeutet. In diesem Zusammenhang ist zu betonen, daß alle Ω in (51) natürlich auch vom jeweiligen Molekülzustand abhängen, indem die Entwicklung (50) immer nur für einen Zustand (eine Energiehyperfläche) gilt, der nach (39) und (40) durch S^2 und S_z beschrieben wird. Liegen zwei Energiehyperflächen mit gleichen S und S_z numerisch sehr nahe, so sind besondere Untersuchungen erforderlich, da sich solche Hyperflächen unter Umständen nicht schneiden dürfen (*24*).

Zur Behandlung der Ω-Funktionen in (51) werden die Erfahrungen in der 1. Phase von Nutzen sein. Gegebenenfalls wäre daran zu denken, E (bzw. $\mathcal{E}$) an Hand einer Entwicklung wie (51) zu approximieren, indem die Ω in der Form (50) angesetzt werden. Auf diese Weise könnten dann die Abhängigkeiten der α und α' in (50) von den Kernladungszahlen näher untersucht werden.

Die Bedeutung von (51) muß darüber hinaus noch allgemeiner gesehen werden. Verwendet man eine solche Darstellung von $\mathcal{E}$ in der Schrödinger-Gleichung der Kernbewegungen (vgl. Gl. (22a)), so besteht berechtigte Aussicht, die *Energiezustände des Kerngerüstes als Funktion der Kernladungszahlen* zu studieren, so daß damit eine Allgemeinheit erreicht wäre, wie sie bestenfalls aus Phase III zu erwarten ist.

Erwähnt sei, daß noch eine andere Entwicklung, die vom vereinigten Atom ausgeht, vorgeschlagen worden ist (*25*)

$$E = \sum_{m_1, \ldots m_F}^{\infty} \Gamma(\mathfrak{z})_{m_1 \ldots m_F} R_1^{m_1} \ldots R_F^{m_F}. \tag{57}$$

Da diese Reihe mit Potenzen der Kernkoordinaten arbeitet, erscheint sie nicht so günstig wie (51), besonders wenn die R_j groß sind.

Auch hier liegen nur sehr wenige Untersuchungen vor (*26*).

9. Einige Ergebnisse

Es würde den Rahmen dieser Abhandlung sprengen, wollte man alle bisher durchgeführten Absolutrechnungen nennen. Wir werden daher hier nur einige der größten Moleküle angeben, die bisher absolut berechnet wurden. Alle Systeme, die elektronisch kleiner sind, liegen dann im Bereich der wellenmechanischen ab-initio-Verfahren.

Im Jahre 1965 wurde das *Benzol* (C_6H_6) zum ersten Male unter Berücksichtigung aller 42 Elektronen berechnet (*27*), wobei Gauß-Funktionen mit Kugelfunktionen als Faktoren Verwendung fanden. Die Ionisierungsenergie ergab sich dabei zu 7,8 eV (gemessen ungefähr 9,4 eV). Ferner wurden einige Anregungsenergien bestimmt. Als bemerkenswertes Ergebnis ergab sich weiter, daß den π-Einelektronenzuständen, σ-Zustände eingelagert sind. Dieses Ergebnis steht im Widerspruch zu den Annahmen der Hückel- und Pariser-Parr-Pople-Verfahren, die nur die π-Elektronen behandeln. Spätere genauere Rechnungen lieferten das gleiche Ergebnis, wobei sich die Ionisierungsenergie zu 8,5 eV ergab (*29*). Im Rahmen dieser Untersuchungen (*29*) wurde das Benzol in der D_{6h}-Symmetrie berechnet, einschließlich des unebenen Falles mit verändertem Winkel der CH-Bindung am Ring. Aus 18 verschiedenen Kernlagen wurden vier Kraftkonstanten der Normalschwingungen (in cm^{-1}) bestimmt (Abb. 1), wobei die in Klammern gesetzten Werte die gemessenen sind. Abb. 2 zeigt noch einmal die Größen, die am Benzol verändert wurden.

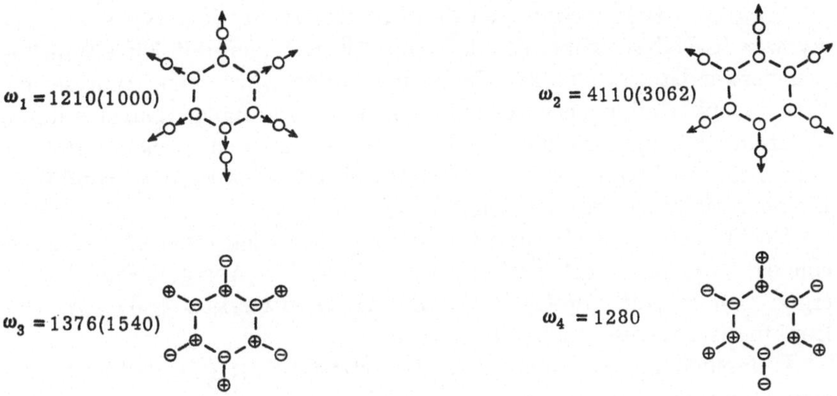

ω1 = 1210(1000)
ω2 = 4110(3062)
ω3 = 1376(1540)
ω4 = 1280

Abb. 1

R_CH
R'_CC
R''_CC
ρ
ΔC
ΔH
C
H

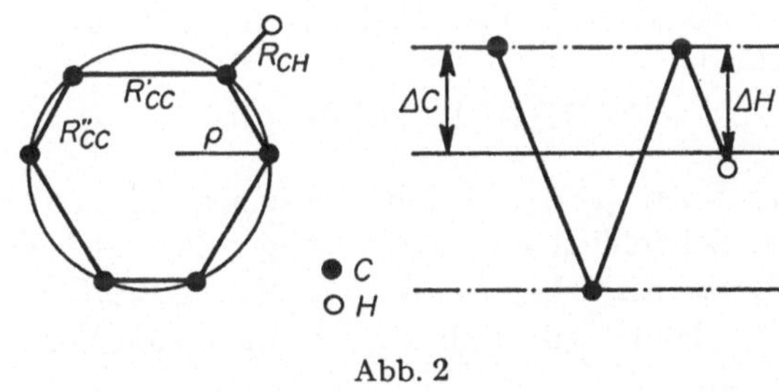

Abb. 2

Die tiefste Energie des Benzols wurde bei der D_{6h}-Form mit

$$R_{CC} = 1{,}39_6\ \text{Å} \qquad (1{,}396\ \text{Å})$$
$$R_{CH} = 1{,}15_4\ \text{Å} \qquad (1{,}084\ \text{Å})$$

erhalten, und als weiteres Ergebnis ergab sich, daß der Übergang zur D_{3h}-Form mit

$$R'_{CC} = 1{,}43\ \text{Å}$$
$$R''_{CC} = 1{,}35\ \text{Å}$$
$$R_{CH} = 1{,}15\ \text{Å}$$

nur einen Energieaufwand von rund 5 kcal/Mol nötig macht. Die Rechnungen wurden mit 78 Gauß-Funktionen nach (43) durchgeführt, und könnten noch verbessert werden, zumal bisher die H-Atome mit einer Gauß-Funktion beschrieben wurden, was sich besonders in den größeren Abweichungen von ω_2 in Abb. 1 wiederspiegelt, sowie im berechneten R_{CH}-Wert.

Weitere Absolutrechnungen betrafen das *Pyrrol* (C_4NH_5) sowie das *Pyrazin* ($C_4H_4N_2$), wobei ebenfalls Gauß-Funktionen mit Kugelfunktionen verwendet wurden (*28*). In beiden Fällen wurde eine Analyse der Elektronenverteilungen vorgenommen. Im letzten Falle ergab sich unter anderem, daß die einsamen Elektronenpaare an den Stickstoffatomen verschiedenen Charakter haben. Im Mittel hat jedes H-Atom rund 0,27 Elementarladungen an den Ring abgegeben.

Rechnungen am C_5H_5 und LiC_5H_5 mit allen Elektronen (*29*) ergaben eine Elektronenaffinität des $C_5H_5^-$ von 0,9 eV. Der Abstand Ring-Metall ergab sich im Lithium-Cyclopentadienyl zu etwa $1{,}68 \pm 0{,}05$ Å. Die Bindung ist im wesentlichen konvalent.

Untersuchungen an den Systemen $F^-(H_2O)$, $F^-(H_2O)_2$ und $F^-(H_2O)_4$ zeigten unter anderem, daß die H_2O-Moleküle mit einem H an das Fluor-Ion herankommen (Wasserstoffbrücke), wobei die Bindungsenergie pro H_2O stärker als linear abfällt (*29*).

Unter Berücksichtigung aller Elektronen wurde die Energiehyperfläche der Reaktion

$$NH_3 + HCl \leftrightharpoons NH_4Cl$$

punktweise berechnet (*28*), wobei im einzelnen der Ladungsübergang studiert wurde. Schließlich liegen seit einiger Zeit auch weitere Rechnungen am *Pyrrol* (C_4NH_5), *Furan* (C_4OH_4), *Oxazol* (C_3NOH_4) und *Isoxazol* vor (*29*). Hier ergibt sich u.a. ebenfalls eine Vertauschung der π- und σ-Zustände.

Literatur

1. *Preuß, H.:* Die chemische Bindung in der Sicht der modernen Theoretischen Chemie. Angew. Chem. *77*, 666 (1965). — Theoretische Chemie — heute. Naturw. Rundschau *19*, 85 (1966).
2. Man vgl. den Arbeitsbericht Nr. 3 der Arbeitsgruppe Quantenchemie (Max-Planck-Institut für Physik und Astrophysik, München), S. 5—45 (1966).
3. Bezüglich einer Einführung für Chemiker sei u.a. auf folgende Bücher verwiesen:
   Linnett, J. W.: Wave mechanics and valency. Methuen 1960.
   Kauzmann, W.: Quantum Chemistry. Academic Press 1957.
   Daudel, R., R. Lefevbre and *C. Moser:* Quantum Chemistry. Interscience Publ. 1959.
   Preuß, H.: Quantenchemie für Chemiker. Verlag Chemie 1966.
4. *Born, M.,* u. *J. R. Oppenheimer:* Ann. Physik *84*, 457 (1927).
5. *Preuß, H.:* Quantentheoretische Chemie I. Bibliographisches Institut 1963.
6. *Hartmann, H.,* et *K. Jug:* Theoret. Chim. Acta *3*, 439 (1965).
7. — Z. Naturforsch. *15a* 993 (1960).
8. —, et *K. Hensen:* Theoret. Chim. Acta *6*, 20 (1966).
9. Hier handelt es sich um einige Beispiele, die man teilweise noch in einigen Lehrbüchern finden kann. Zum anderen handelt es sich auch um Vorstellungen, denen man immer wieder bei Diskussionen begegnet. Zu 2') kann gesagt werden,

daß dies zu einer starken Kritik der Vorstellung der Hybridisierung führt. Annahme 3') wird im Hückel- und PPP-Verfahren vorausgesetzt. Schließlich ist 6') von der Erfahrung widerlegt worden.

10. *Preuß, H.:* Z. Naturforsch. *16a*, 598 (1961); *13a*, 439 (1958).
11. Zusammenfassung, z.B. *Preuß, H.:* Fortschr. Phys. *10*, 271 (1962).
12. Man vgl. etwa die Zusammenfassungen:
Varshni, y. P.: Rev. Mod. Phys. *29*, 664 (1957).
—, and *R. C. Shukla:* J. Mol. Spectr. *16*, 63 (1965).
13. *Preuß, H.:* Theoret. Chim. Acta *2*, 102 (1964); *2*, 344 (1964); *2*, 362 (1964); *6*, 428 (1966); *6*, 413 (1966).
Quantum theory of atoms, molecules, solid state, S. 281 (1966).
Pure and appl. Chem., vol. *11*, 359 (1965).
Rev. Mod. Phys. *35*, 646 (1963).
14. Man vgl. z.B. schon *Hellmann, H.:* Einführung in die Quantenchemie. Deuticke 1937, Kap VIII, § 55 und 12.
15. Man vgl. etwa 14: Kap VIII, § 54, 59.
16. Die einzelnen Verfahren des Schrittes I sind so zahlreich und die Möglichkeiten und Methoden so komplex, daß es den Rahmen des Artikels sprengen würde, wenn man die ausreichende Literatur dazu angeben würde. Aus diesem Grunde seien nur einige zusammenfassende Werke genannt, die Angaben hier erheben daher auch in dieser Hinsicht keinen Anspruch auf Vollständigkeit.
Neben 3 sei z.B. genannt:
Veselov, M.: Methods of Quantum Chemistry. Academic Press 1965.
Sinanoglu, O.: Modern Quantum Chemistry I, II, III. Academic Press 1965.
Edited: B. Alder, S. Fernbach, M. Rotenberg, Methods in computational physics I, II. Academic Press 1963.
Edited: P. O. Löwdin, Advances in Quantum Chemistry II. Academic Press 1965.
17. *Preuß, H.:* Z. Naturforsch. *11a*, 823 (1956); Mol. Phys. *8*, 157 (1964).
18. Man vgl. 13 sowie *Preuß, H.:* Naturwissenschaften *11*, 241 (1960).
19. Man vgl. 13 sowie *Preuß, H.:* Z. Naturforsch. *12a*, 599 (1957), *13*a, 364 (1958); *18a*, 489 (1963).
20. *Preuß, H.:* Mol. Phys. *8*, 441 (1964).
21. *Kauzmann, W.:* Quantum Chemistry. Academic Press 1957.
22. *Hylleraas, E. A.:* Z. Phys. *65*, 909 (1930).
—, and *J. Midtdal:* Phys. Rev. *103*, 829 (1950).
Bethe, H. A., u. *E. E. Salpeter:* Handbuch der Physik *35*, 209.
23. *Kato, T.:* J. Fac. Sci. Univ. Tokyo, *6*, 145 (1951).
Fröman, A., and *G. G. Hall:* 1960 Preprint 42, Quantum Chemistry Group, Uppsala.
Linderberg, J., and *H. Shull:* J. Mol. Spectr. *3*, 1 (1961).
24. *Neumann, J. v.*, u. *E. Wigner:* Z. Phys. *30*, 467 (1929).
25. *Bingel, W. A.:* Z. Naturforsch. *129*, 59 (1957); J. Chem. Phys. *30*, 1250, 1254 (1959).
26. *Byers Brown, W.*, and *E. Steiner:* J. Chem. Phys. *44*, 3934 (1966).
Chang, T. y., et *W. B. Brown:* Theoret. Chim. Acta *4*, 393 (1966).
27. *Schulman, J. M.*, and *J. W. Moskowitz:* J. Chem. Phys. *43*, 3287 (1965).
28. *Clementi, E.:* IBM Research, Feb. 8, March 16 (1967).
—, *H. Clementi*, and *D. R. Davis:* IBM Research, Feb. 8 (1967).
29. Arbeitsberichte der Gruppe Quantenchemie, Max-Planck-Institut für Physik und Astrophysik, Nr. 1, 2, 3, 4 und 5.
30. *Frost, A. A., B. H. Prentice*, and *R. A. Rouse:* J. Amer. Chem. Soc. *89*, 3064 (1967).

Eingegangen am 21. Juli 1967

Mehrelektronenmodelle in der organischen Chemie

Dr. M. Klessinger

Organisch-Chemisches Institut der Universität Göttingen

Inhalt

I. Einleitung

Durch die Lösung der Schrödinger-Gleichung können die Wellenfunktionen aller stationären Zustände eines Systems ermittelt werden, und diese bestimmen, direkt oder indirekt, all seine experimentell zugänglichen physikalischen und chemischen Eigenschaften. Wäre es möglich, die Schrödinger-Gleichung exakt zu lösen, so könnten alle Probleme der Chemie auf numerische Probleme zurückgeführt werden.

Die in der Chemie interessierenden Energieänderungen stellen einen so kleinen Bruchteil der Gesamtenergie eines Systems dar, daß Näherungslösungen der Schrödinger-Gleichung, die Ergebnisse mit hinreichender Genauigkeit liefern, bisher nur für Atome und kleine Moleküle erhalten werden konnten. Für größere Moleküle ist man auf Modelle angewiesen. Ein Modell enthält jedoch Vereinfachungen des wahren Problems, und um seinen Gültigkeitsbereich abschätzen zu können ist es wichtig, die in der Anwendung des Modells impliziten Näherungen zu kennen.

Eines der wichtigsten Anwendungsgebiete quantenchemischer Modelle in der organischen Chemie bilden immer noch die π-Elektronensysteme. Die π-Elektronentheorien sind von der Entwicklung auf dem Gebiet der *ab-initio*-Rechnungen an kleinen Molekülen nicht unbeeinflußt geblieben. Diesen Einfluß neuerer Ergebnisse der exakten Theorie auf die Methoden zur Behandlung von π-Elektronensystemen an einigen Beispielen darzustellen, ist das Ziel dieser Übersicht.

Fast allen Rechnungen an größeren Molekülen liegt das Modell der unabhängigen Teilchen zugrunde, das auf der Hartree-Fock- oder SCF-Methode basiert, die im Abschnitt II zusammen mit einigen Ergebnissen für einfache Systeme dargestellt wird. Es folgt eine knappe Diskussion einiger Effekte, die über die Hartree-Fock-Näherung hinausgehen und unter dem Begriff der Elektronenkorrelation zusammengefaßt werden.

Der Abschnitt IV behandelt die π-Elektronen-Näherung sowie die speziellen Näherungen und Parameter der Pariser-Parr-Pople-Methode, während im Abschnitt V einige typische Ergebnisse für π-Elektronensysteme diskutiert werden.

II. Die SCF-Methode

Infolge der großen Masse der Atomkerne im Vergleich zu derjenigen der Elektronen ist es im allgemeinen eine sehr gute Näherung, die Wellenfunktion eines Systems als Produkt einer Kernfunktion und einer Elektronenfunktion anzusetzen und so die Schrödinger-Gleichung in eine Gleichung für die Kernbewegung und eine Gleichung für die Elektronenbewegung zu separieren (Born-Oppenheimer-Näherung). Die Schrödinger-Gleichung für die Elektronenbewegung im Feld der festgehaltenen Kerne lautet dann

$$\mathscr{H}\Psi = E\Psi, \qquad (1)$$

die Gesamtelektronenenergie E und die Elektronenwellenfunktionen Ψ

sind also Eigenwerte und Eigenfunktionen des Hamilton-Operators $\mathscr{H}$, der unter Vernachlässigung relativistischer Effekte und bei Verwendung atomarer Einheiten (at. E.)[1] folgende Gestalt hat

$$\mathscr{H} = \mathscr{H}(1, \ldots, N) = \sum_{i=1}^{N} h(i) + \sum_{i<j}\sum g(i, j)$$

mit

$$h(i) = -\tfrac{1}{2}\,\nabla^2(i) - \sum_{\mu} \frac{Z_\mu}{r_{\mu i}} \text{ und } g(i, j) = \frac{1}{r_{ij}}\,. \tag{2}$$

$-\frac{1}{2}\,\nabla^2(i) = -\frac{1}{2}\left[\frac{\partial^2}{\partial x_i^2} + \frac{\partial^2}{\partial y_i^2} + \frac{\partial^2}{\partial z_i^2}\right] = \mathscr{T}(i)$ ist der Operator der kinetischen Energie des Elektrons i mit den Koordinaten x_i, y_i und z_i, $-\sum_{\mu} \frac{Z_\mu}{r_{\mu i}}$ ist der Operator der potentiellen Energie des Elektrons i im Feld der Atomkerne μ mit der Ladung Z_μ und $\frac{1}{r_{ij}}$ der Operator der Coulomb-Wechselwirkung der Elektronen i und j; $r_{\mu i}$ und r_{ij} ist der Abstand zwischen dem Elektron i und dem Kern μ bzw. dem Elektron j. $\mathscr{H}$ $(1, \ldots, N)$ ist also eine Funktion der Koordinaten aller N Elektronen[2]. Vernachlässigt man die Elektronenwechselwirkung, so wird $\hat{\mathscr{H}} = \sum_i h$ (i), und Gl. (1) ist separierbar in eine Gleichung für jedes Elektron i; die Gesamtwellenfunktion ist dann ein Produkt von Einelektronenfunktionen oder Molekül- bzw. Atomorbitalen (MO's bzw. AO's)

$$\Phi(1, \ldots, N) = \phi(1) \ldots \phi(N) \tag{3}$$

(Hartree-Produkt). Die Annahme, daß eine aus Einelektronenfunktionen aufgebaute Wellenfunktion auch dann eine gute Näherungsfunktion darstellt, wenn der Elektronenwechselwirkungsterm $\sum_{i<j}\sum g\ (i, j)$ in

[1] Als atomare Einheit der Masse, der elektrischen Ladung und der Länge verwendet man die Elektronenmasse, die Elektronenladung und den Bohr'schen Radius $a_0 = 0{,}529$ Å des Wasserstoffatoms im Grundzustand. Die Einheit der Energie ist dann gleich der doppelten Ionisierungsenergie des H-Atoms (1 at. E. = 27,2 eV = 628 kcal/Mol). (Für eine Einführung in die Grundbegriffe der Quantenchemie vgl. (*71*).)

[2] Die Gesamtelektronenenergie E_{Ges} für ruhende Kerne (Elektronenenergie plus Kernabstoßungsenergie) ist gegeben durch $E_{\text{Ges}} = E + \sum_{\mu<\nu}\sum \frac{Z_\mu Z_\nu}{r_{\mu\nu}}$; E_{Ges} und ψ enthalten die relative Lage der Atomkerne als Parameter. Das Minimum von E_{Ges} bezüglich der Kernkoordination bestimmt die Gleichgewichtskonfiguration eines Systems.

Gl. (2) berücksichtigt wird, bildet die Grundlage des Modells der unabhängigen Teilchen (vgl. (*71*)).

Um dem Pauli-Prinzip zu genügen, muß die Wellenfunktion antisymmetrisch[3] in den Koordinaten aller Elektronen sein. Durch Anwendung des Antisymmetrisier-Operators

$$\mathscr{A} = (N!)^{-\frac{1}{2}} \sum_{\mathscr{P}} (-1)^p \mathscr{P}, \tag{4}$$

wobei p die Parität der Permutation $\mathscr{P}$ ist und die Summe sich über alle $N!$ Permutationen erstreckt, erhält man aus dem Hartree-Produkt Gl. (3) eine antisymmetrisierte Produktfunktion, die sich in Form einer Slater-Determinante schreiben läßt

$$\Psi(1,\ldots,N) = \mathscr{A}\Phi(1,\ldots,N) = \frac{1}{\sqrt{N!}}\, det(\psi_1(1)\ldots\psi_N(N)) \tag{5}$$

$$\equiv |\,\psi_1(1)\ldots\psi_N(N)\,|$$

Da der Hamilton-Operator Gl. (2) keine spinabhängigen Terme enthält, kann jedes Orbital ψ_i (Spinorbital) als Produkt einer Ortsfunktion und eines Spinfaktors α oder β geschrieben werden:

$$\psi_k(i) = \phi_k(r_i)\,\alpha(s_i) \equiv \phi_k \quad \text{oder} \quad \psi_k(i) = \phi_k(r_i)\,\beta(s_i) = \bar{\phi}_k \tag{6}$$

Ohne Einschränkung der Allgemeinheit kann vorausgesetzt werden, daß die Spin-Orbitale ψ_i orthonormal sind, d.h. daß

$$\int \psi_i^*(1)\,\psi_j(1)\,d\tau_1 = \delta_{ij} = \begin{cases} 1 \text{ für } i = j \\ 0 \text{ für } i \neq j \end{cases} \tag{7}$$

Dann sind auch die aus diesen Orbitalen aufgebauten Slater-Determinanten orthonormiert.

Im Rahmen des Modells der unabhängigen Teilchen soll hier zwischen Einelektronen- und Mehrelektronen-Modellen unterschieden werden. Dabei sei ein Einelektronenmodell durch einen Hamilton-Operator definiert, der sich als Summe von Einteilchen-Operatoren darstellen läßt, so daß die Wellenfunktionen die Form eines Hartree-Produktes Gl. (3) annimmt. Bei Mehrelektronen-Modellen wird die Elektronenwechselwirkung im Hamilton-Operator explizit berücksichtigt, so daß die Wellenfunktion in Form einer Slater-Determinante Gl. (5) angesetzt werden muß.

---

[3] Eine Wellenfunktion ψ ist antisymmetrisch, wenn die Vertauschung der Koordination zweier Teilchen die Funktion $-\psi$ ergibt.

Bei der Behandlung der Mehrelektronen-Modelle treten häufig Matrixelemente des Hamilton-Operators Gl. (2) zwischen antisymmetrisierten Produktfunktionen der Form Gl. (5) auf. Regeln für ihre Berechnung sind von *Slater* (*132*) angegeben worden und lassen sich wie folgt [4, 5] zusammenfassen:

$$\text{(a)}\ \int |\psi_1(1)\ldots\psi_N(N)|^* \mathscr{H} |\psi_1(1)\ldots\psi_N(N)|\,d\tau = \sum_i I_{ii} + \sum_{i<j}\sum (J'_{ij} - K'_{ij})$$

$$\text{(b)}\ \int |\psi_1(1)\ldots\psi_k(i)\ldots\psi_N(N)|^* \mathscr{H} |\psi_1(1)\ldots\psi_p(i)\ldots\psi_N(N)|\,d\tau$$

$$= I'_{kp} + \sum_{i\neq k}([ii|kp]' - [ik|ip]') \tag{8}$$

$$\text{(c)}\ \int |\ldots\psi_k(i)\ldots\psi_l(j)\ldots|^* \mathscr{H} |\ldots\psi_p(i)\ldots\psi_q(j)\ldots|\,d\tau = [kp|lq]' - [kq|lp]'$$

In Gl. (a) sind die Slater-Determinanten identisch, in Gl. (b) und (c) unterscheiden sie sich in einem bzw. zwei Spinorbitalen. Unterscheiden sie sich in mehr als zwei Spinorbitalen, so ist das Matrixelement gleich Null. In Gl. (8) werden folgende Abkürzungen eingeführt

$$I'_{ij} = \int \psi_i^*(1)\, h(1)\, \psi_j(1)\, dv_1$$

$$[kl|pq]' = \int \psi_k^*(1)\, \psi_p^*(2)\, g(1,2)\, \psi_l(1)\, \psi_q(2)\, dv_1\, dv_2 \tag{9}$$

und $$J'_{ij} = [ii|jj]', \quad K'_{ij} = [ij|ij]'$$

Die Integration über die Spinvariablen ergibt schließlich

$$\left.\begin{aligned} I'_{ij} &= \begin{cases} I_{ij}, & \text{wenn } \psi_i \text{ und } \psi_j \text{ die gleiche Spinfunktion enthalten} \\ 0, & \text{sonst} \end{cases} \\ &\text{und} \\ [kl|pq]' &= \begin{cases} [kl|pq], & \text{wenn } \psi_k \text{ die gleiche Spinfunktion enthält} \\ & \text{wie } \psi_l \text{ und } \psi_p \text{ die gleiche Spinfunktion wie } \psi_q \\ 0, & \text{sonst,} \end{cases} \end{aligned}\right\} \tag{9a}$$

wobei die I_{ij} und $[kl|pq]$ ebenfalls durch Gl. (9) definiert sind, mit den spinfreien Orbitalen ϕ_i anstelle der Spinorbitale ψ_i.

---

[4] Der Stern * wird im folgenden immer zur Kennzeichnung einer zu A konjugiert komplexen Größe A^* verwendet; für reelle Funktionen ψ ist $\psi^* = \psi$.

[5] $\int \ldots d\tau$ steht für die Integration über die Orts- und Spinkoordinaten aller Teilchen, d.h. $\int d\tau = \int d\tau_1 \ldots d\tau_N = \int dv_1\, ds_1 \ldots dv_N\, ds_N = \int dx_1\, dy_1\, dz_1\, ds_1 \ldots dx_N\, dy_N\, dz_N\, ds_N$.

1. Die SCF-Gleichungen für Systeme mit abgeschlossenen Schalen

Wird ein System mit N Elektronen im Modell der unabhängigen Teilchen durch eine Wellenfunktion der Form

$$\Psi(1,\ldots,N) = |\phi_1(1)\,\bar{\phi}_1(2)\ldots\phi_{\frac{N}{2}}(N-1)\,\bar{\phi}_{\frac{N}{2}}(N)| \equiv \left(1\bar{1}\ldots\frac{N}{2}\,\overline{\frac{N}{2}}\right) \quad (10)$$

beschrieben, in der alle Orbitale ϕ_i doppelt besetzt sind (und zwar durch je ein Elektron mit α-Spin und β-Spin) und bei Anwendung jeder Symmetrieoperation des Systems Funktionen ergeben, die Linearkombinationen dieser Orbitale sind, so spricht man von einem System mit abgeschlossenen Elektronenschalen. Alle Moleküle mit gerader Elektronenzahl stellen im Singulett-Grundzustand Systeme mit abgeschlossenen Schalen dar.

Die Orbitale ϕ_i, welche die bestmögliche Beschreibung eines Systems mit abgeschlossenen Schalen durch eine Eindeterminantenfunktion der Form Gl. (10) ergeben, sind die Hartree-Fock-Orbitale. Sie sind durch einen Satz von N gekoppelten Integro-Differentialgleichungen (die Hartree-Fock-Gleichungen) definiert, die praktisch jedoch nur für zentralsymmetrische Systeme (Atome) durch direkte Integration gelöst werden können. Ein Ansatz für die Lösung, der immer möglich ist, besteht in der Entwicklung der ϕ_i nach einem Satz von Basisfunktionen

$$\phi_i = \sum_{\mu} c_{\mu i}\,\varphi_\mu \quad \text{oder} \quad \phi_i = \boldsymbol{\varphi}\,\boldsymbol{c}_i, \quad (11)$$

wobei $\boldsymbol{\varphi} = (\varphi_1, \varphi_2, \ldots)$ ein Zeilenvektor und $\boldsymbol{c}_i$ ein Spaltenvektor mit den Komponenten $c_{\mu i}$ ist. Bei der Behandlung molekularer Systeme ist es üblich, Atomorbitale (AO's) als Basisfunktionen zu verwenden. Gl. (11) definiert dann LCAO-MO's, Molekülorbitale, die durch Linearkombination von Atomorbitalen gebildet werden.

Im Falle der Einelektronenmodelle erhält man für orthogonale Basisfunktionen φ_μ nach Gl. (1), die auch in der Form $E = \int \Psi^* \mathscr{H}\, \Psi\, d\tau \,/ \int \Psi^*\, \Psi\, d\tau$ geschrieben werden kann,

$$E = 2\sum_{i=1}^{N/2} \boldsymbol{c}_i^\dagger\, \boldsymbol{h}\, \boldsymbol{c}_i = 2\sum_{i=1}^{N/2} \varepsilon_i, \quad (12)$$

wobei $\boldsymbol{h}$ mit den Elementen $h_{\mu\nu} = \int \varphi_\mu^*(1)\, \hbar(1)\, \varphi_\nu(1)\, d\tau_1$ die Matrixdarstellung des Operators $\hbar(i)$ in der Basis der φ_μ ist und ε_i als Orbitalenergie bezeichnet wird. Der Faktor 2 rührt daher, daß für Systeme mit abgeschlossenen Schalen im Grundzustand die $N/2$ tiefsten Orbitale doppelt besetzt sind.

Durch Einführung der Einteilchen-Dichtematrix $\boldsymbol{R}$ (*89*), die durch

$$\boldsymbol{R} = \boldsymbol{T}\boldsymbol{T}^{+} \quad \text{mit} \quad \boldsymbol{T} = (\boldsymbol{c}_1, \ldots \boldsymbol{c}_{\frac{N}{2}}) \tag{13}$$

definiert ist[6], wobei die Spalten der Matrix $\boldsymbol{T}$ von den Vektoren $\boldsymbol{c}_i$ der Entwicklungskoeffizienten der besetzten Orbitale ϕ_i gebildet werden, läßt sich Gl. (12) auch in der Form

$$E = 2 Sp\, \boldsymbol{h}\boldsymbol{R} \tag{14}$$

schreiben[7]. $\boldsymbol{P} = 2\boldsymbol{R}$ ist dann die Matrix der Ladungsdichten und Bindungsordnungen.

Für den Fall der Mehrelektronenmodelle erhält man nach Gl. (8) und Gl. (11) für orthogonale Basisfunktionen statt der Gl. (14) den Ausdruck

$$E = 2 Sp\, \boldsymbol{H}\boldsymbol{R} = 2 Sp\, \boldsymbol{h}\boldsymbol{R} + Sp\, \boldsymbol{G}(\boldsymbol{R})\boldsymbol{R}$$

mit

$$\boldsymbol{G}(\boldsymbol{R}) = 2\boldsymbol{J}(\boldsymbol{R}) - \boldsymbol{K}(\boldsymbol{R}), \tag{15}$$

$$[\boldsymbol{J}(\boldsymbol{R})]_{\mu\nu} = \sum_{\varkappa}\sum_{\lambda} (\boldsymbol{R})_{\varkappa\lambda} (\varkappa\lambda|\mu\nu) \quad \text{und} \quad [\boldsymbol{K}(\boldsymbol{R})]_{\mu\nu} = \sum_{\varkappa}\sum_{\lambda} (\boldsymbol{R})_{\varkappa\lambda} (\varkappa\nu|\mu\lambda) \tag{16}$$

Der Term $Sp\, \boldsymbol{G}(\boldsymbol{R})\boldsymbol{R}$ ergibt sich durch Entwicklung des Terms $\sum\sum_{i<j} (J'_{ij} - K'_{ij})$ in Gl. (8a) nach Integralen $(\varkappa\lambda|\mu\nu)$ über die Basisfunktionen φ_μ und repräsentiert den Teil der Gesamtelektronenenergie, der von der Elektronenwechselwirkung herrührt und in den Einelektronenmodellen unberücksichtigt bleibt.

Nach dem Variationsprinzip sind diejenigen Orbitale ϕ_i die bestmöglichen im Rahmen eines bestimmten Ansatzes, für welche E ein Minimum annimmt, was gleichbedeutend damit ist, daß die Variation δE verschwindet. Nach Gl. (15) muß also für die besten Orbitale ϕ_i

$$\delta E = 2 Sp\, \boldsymbol{h}\, \delta\boldsymbol{R} + Sp\, \boldsymbol{G}(\boldsymbol{R})\, \delta\boldsymbol{R} + Sp\, \boldsymbol{G}(\delta\boldsymbol{R})\boldsymbol{R} = 0 \tag{17}$$

sein, wobei die Zusatzbedingung zu erfüllen ist, daß die Orbitale ϕ_i

---

[6] $\boldsymbol{T}^{+}$ bezeichnet die zu $\boldsymbol{T}$ adjungierte Matrix, d.h. $(\boldsymbol{T}^{+})_{kl} = T^{*}_{lk}$.

[7] $Sp\, \boldsymbol{A}$ bezeichnet die Spur der Matrix $\boldsymbol{A}$, wobei die Spur als die Summe der Diagonalelemente definiert ist; die Spur eines Produktes mehrerer Matrizen ist invariant gegenüber zyklischer Vertauschung der Faktoren, d. h. $Sp\, \boldsymbol{ABC} = Sp\, \boldsymbol{CAB} = Sp\, \boldsymbol{BCA}$.

orthogonal sind, was für orthogonale Basisfunktionen φ_μ wegen $\boldsymbol{T}^+\boldsymbol{T}=1$ mit der Forderung

$$\boldsymbol{R}^2=\boldsymbol{T}\boldsymbol{T}^+\boldsymbol{T}\boldsymbol{T}^+=\boldsymbol{T}\boldsymbol{T}^+=\boldsymbol{R} \tag{18}$$

äquivalent ist. $\boldsymbol{G}(\boldsymbol{R})$ ist nach Gl. (16) eine lineare Funktion von $\boldsymbol{R}$, so daß $Sp\,\boldsymbol{G}(\delta\boldsymbol{R})\boldsymbol{R}=Sp\,\boldsymbol{G}(\boldsymbol{R})\,\delta\boldsymbol{R}$ ist und Gl. (17) die Form

$$\delta E=2Sp\,\boldsymbol{h}\,\delta\boldsymbol{R}+2Sp\,\boldsymbol{G}(\boldsymbol{R})\,\delta\boldsymbol{R}=2Sp\,\boldsymbol{F}\,\delta\boldsymbol{R}$$

mit (19)

$$\boldsymbol{F}=\boldsymbol{h}+\boldsymbol{G}(\boldsymbol{R})$$

annimmt. Die allgemeinste Variation $\delta\boldsymbol{R}$, welche die Bedingung Gl. (18) in erster Ordnung erfüllt, ist durch

$$\delta\boldsymbol{R}=\boldsymbol{R}\boldsymbol{X}(1-\boldsymbol{R})+(1-\boldsymbol{R})\boldsymbol{X}^+\boldsymbol{R} \tag{20}$$

gegeben (*87*), wobei $\boldsymbol{X}$ eine beliebige quadratische Matrix ist (vgl. Anhang 1). Damit ergibt Gl. (19)

$$\begin{aligned}\delta E=0&=2Sp\,\boldsymbol{F}\boldsymbol{R}\boldsymbol{X}(1-\boldsymbol{R})+2Sp\,\boldsymbol{F}(1-\boldsymbol{R})\boldsymbol{X}^+\boldsymbol{R}\\&=4Sp\,\boldsymbol{X}(1-\boldsymbol{R})\boldsymbol{F}\boldsymbol{R}=4Sp\,\boldsymbol{X}^+\boldsymbol{R}\boldsymbol{F}(1-\boldsymbol{R})\end{aligned} \tag{21}$$

und da $\boldsymbol{X}$ eine beliebige Matrix ist, folgt

$$\boldsymbol{R}\boldsymbol{F}(1-\boldsymbol{R})=(1-\boldsymbol{R})\boldsymbol{F}\boldsymbol{R}=0 \tag{22a}$$

oder

$$\boldsymbol{R}\boldsymbol{F}-\boldsymbol{F}\boldsymbol{R}=0 \tag{22b}$$

Gl. (22a) bildet die Grundlage für eine direkte Bestimmung der Matrix $\boldsymbol{R}$ nach der Gradienten-Methode (*87, 90*) (vgl. Anhang 2). Multipliziert man Gl. (22b) von rechts mit $\boldsymbol{T}$, so ergibt sich

$$\boldsymbol{F}\boldsymbol{T}\boldsymbol{T}^+\boldsymbol{T}=\boldsymbol{T}\boldsymbol{T}^+\boldsymbol{F}\boldsymbol{T}$$

oder (23)

$$\boldsymbol{F}\boldsymbol{T}=\boldsymbol{T}\boldsymbol{\varepsilon}$$

wobei $\boldsymbol{\varepsilon}=\boldsymbol{T}^+\boldsymbol{F}\boldsymbol{T}$ eine Diagonalmatrix ist[8].

---

8 Wäre $\boldsymbol{\varepsilon}$ nicht diagonal, so ließe sich eine unitäre Matrix $\boldsymbol{U}$ finden, welche $\boldsymbol{\varepsilon}$ nach $\bar{\boldsymbol{\varepsilon}}=\boldsymbol{U}^+\boldsymbol{\varepsilon}\boldsymbol{U}$ auf Diagonalgestalt bringt. Mit $\bar{\boldsymbol{T}}=\boldsymbol{T}\boldsymbol{U}$ ist dann $\bar{\boldsymbol{R}}=\bar{\boldsymbol{T}}\bar{\boldsymbol{T}}^+=\boldsymbol{R}$ und $\boldsymbol{F}\bar{\boldsymbol{T}}-\bar{\boldsymbol{T}}\bar{\boldsymbol{\varepsilon}}=\boldsymbol{F}\boldsymbol{T}-\boldsymbol{T}\boldsymbol{\varepsilon}$.

Damit ist die Bestimmung der bestmöglichen Orbitale ϕ_i auf ein Eigenwertproblem zurückgeführt: Die optimalen Koeffizienten $\boldsymbol{c}_i$ in der Entwicklung Gl. (11) sind die Eigenvektoren der durch Gl. (19) definierten Matrix $\boldsymbol{F}$. Da die Matrix $\boldsymbol{F}$ ihrerseits von $\boldsymbol{R}$ und damit von ihren Eigenvektoren $\boldsymbol{c}_i$ abhängt, muß Gl. (23) iterativ gelöst werden: Mit Hilfe einer beliebigen Näherung $\boldsymbol{T}^{(0)}$ für die Matrix $\boldsymbol{T}$ (z.B. die Lösung der HMO-Gleichungen) berechnet man $\boldsymbol{G}(\boldsymbol{R})$ und damit $\boldsymbol{F}$; die zu den $\frac{N}{2}$ niedrigsten Eigenwerten der Matrix $\boldsymbol{F}$ gehörigen Eigenvektoren ergeben eine neue Matrix $\boldsymbol{T}^{(1)}$, mit deren Hilfe wiederum $\boldsymbol{G}(\boldsymbol{R})$ und $\boldsymbol{F}$ berechnet werden usw. Man fährt mit diesem Iterationsprozeß so lange fort, bis das im k-ten Rechenschritt berechnete $\boldsymbol{T}^{(k)}$ sich beliebig wenig von dem zur Berechnung von $\boldsymbol{G}(\boldsymbol{R})$ verwendeten $\boldsymbol{T}^{(k-1)}$ unterscheidet, d.h. bis das durch $\boldsymbol{G}(\boldsymbol{R})$ repräsentierte Wechselwirkungsfeld konstant oder „selbstkonsistent" ist.

Man nennt die Methode daher SCF-Methode (vom englischen „self-consistent field") oder aber Hartree-Fock-Methode (HF-Methode), wobei die Bezeichnung Hartree-Fock-Methode meist nur für die numerische Lösung der Integrodifferentialgleichungen bzw. die äquivalente Entwicklung nach einem vollständigen Satz von Basisfunktionen (Matrix-Hartree-Fock-Methode) verwendet wird, während man bei Verwendung der LCAO-Näherung mit einer beschränkten Basis von der Roothaan-SCF-Methode (*124, 125*) oder HFR-Methode (Hartree-Fock-Roothaan) spricht[9].

Im Gegensatz zu der Gl. (12) für Einelektronenmodelle ist bei Berücksichtigung der Elektronenwechselwirkung die Gesamtelektronenenergie nicht gleich der Summe der Orbitalenergien, denn nach Gl. (23) ist

$$2\sum_{i=1}^{N/2} \varepsilon_i = 2\,Sp\,\boldsymbol{F}(\boldsymbol{R})\boldsymbol{R} = 2\,Sp\,\boldsymbol{h}\boldsymbol{R} + 2\,Sp\,\boldsymbol{G}(\boldsymbol{R})\boldsymbol{R}$$

während nach Gl. (15)

$$E = 2\,Sp\,\boldsymbol{H}\boldsymbol{R} = 2\,Sp\,\boldsymbol{h}\boldsymbol{R} + Sp\,\boldsymbol{G}(\boldsymbol{R})\boldsymbol{R} = 2\,Sp\,\boldsymbol{F}(\boldsymbol{R})\,\boldsymbol{R} - Sp\,\boldsymbol{G}(\boldsymbol{R})\boldsymbol{R}$$

ist. Bei der Bildung der Summe der Orbitalenergien wird die Elektronenwechselwirkungsenergie doppelt gezählt, da jedes ε_i die Wechselwirkungsenergie des Elektrons i mit allen übrigen Elektronen des Moleküls enthält.

---

[9] Die Roothaan-Gleichungen wurden für den allgemeineren Fall nicht orthogonaler Basisfunktionen abgeleitet. Man erhält sie in völlig analoger Weise, wenn man berücksichtigt, daß $\boldsymbol{T}^+\boldsymbol{S}\boldsymbol{T} = \boldsymbol{1}$ ist und eine Matrix $\boldsymbol{\varrho} = \boldsymbol{S}^{\frac{1}{2}}\boldsymbol{R}\boldsymbol{S}^{\frac{1}{2}}$ einführt, für welche $\boldsymbol{\varrho}^2 = \boldsymbol{\varrho}$ gilt. Damit ergibt sich $\boldsymbol{FRS} = \boldsymbol{SRF}$ oder $\boldsymbol{FT} = \boldsymbol{ST\varepsilon}$ statt Gl. (23).

2. Die SCF-Gleichungen für Systeme mit offenen Schalen

Die Erweiterung der SCF-Gleichungen auf den Fall, daß nicht alle MO's doppelt besetzt sind, daß also offene Elektronenschalen vorliegen, ist keineswegs trivial (*125*). Aufgrund des Ansatzes für die Wellenfunktion kann man grundsätzlich drei verschiedene Formen der SCF-Gleichungen für Systeme mit offenen Schalen unterscheiden, die als beschränkte (restricted), unbeschränkte (unrestricted) und erweiterte (extended) SCF-Gleichungen bezeichnet werden.

In der beschränkten SCF-Methode für offene Schalen (*88*) schreibt man die Eindeterminanten-Wellenfunktion eines N-Elektronensystems als antisymmetrisiertes Produkt von m_1 doppelt besetzten und m_2 einfach besetzten MO's ($2m_1+m_2=N$):

$$\Psi(1,\dots N) \quad (24)$$
$$= |\phi_1(1)\,\bar{\phi}_1(2)\dots\phi_{m_1}(2m_1-1)\,\bar{\phi}_{m_1}(2m_1)\phi_{m_1+1}(2m_1+1)\dots\phi_{m_1+m_2}(N)|$$

Die Energie eines durch diese Wellenfunktion beschriebenen Systems ist nach Gl. (8) und Gl. (11)

$$E = 2Sp\boldsymbol{R}_1\{\boldsymbol{h}+\tfrac{1}{2}[2\boldsymbol{J}(\boldsymbol{R}_1)-\boldsymbol{K}(\boldsymbol{R}_1)+\boldsymbol{J}(\boldsymbol{R}_2)-\tfrac{1}{2}\boldsymbol{K}(\boldsymbol{R}_2)]\} \quad (25)$$
$$+Sp\boldsymbol{R}_2\{\boldsymbol{h}+\tfrac{1}{2}[\boldsymbol{J}(\boldsymbol{R}_2)-\boldsymbol{K}(\boldsymbol{R}_2)+2\boldsymbol{J}(\boldsymbol{R}_1)-\boldsymbol{K}(\boldsymbol{R}_1)]\}$$

wobei $\boldsymbol{R}_1=\boldsymbol{T}_1\boldsymbol{T}_1^+$ und $\boldsymbol{R}_2=\boldsymbol{T}_2\boldsymbol{T}_2^+$

ist, mit $\boldsymbol{T}_1=(\boldsymbol{c}_1,\dots\boldsymbol{c}_{m_1})$ und $\boldsymbol{T}_2=(\boldsymbol{c}_{m_1+1}\dots\boldsymbol{c}_{m_1+m_2})$ (26)

In der unbeschränkten SCF-Methode (*119*), die auch als Methode der verschiedenen Orbitale für verschiedenen Spin bezeichnet wird, wird ein N-Elektronen-System durch ein antisymmetrisiertes Produkt von (m_1+m_2) MO's ϕ_i mit α-Spin und m_1 MO's ϕ'_k mit β-Spin beschrieben ($\phi_i(1)\neq\phi'_i(1)$ und $2m_1+m_2=N$):

$$\Psi(1,\dots N)$$
$$= |\phi_1(1)\dots\phi_{m_1+m_2}(m_1+m_2)\bar{\phi}'_1(m_1+m_2+1)\dots\bar{\phi}'_{m_1}(2m_1+m_2)| \quad (27)$$

Die zugehörige Energie ist durch

$$E = Sp\boldsymbol{R}_1\{\boldsymbol{h}+\tfrac{1}{2}[\boldsymbol{J}(\boldsymbol{R}_1)+\boldsymbol{J}(\boldsymbol{R}_2)-\boldsymbol{K}(\boldsymbol{R}_1)]\}$$
$$+Sp\boldsymbol{R}_2\{\boldsymbol{h}+\tfrac{1}{2}[\boldsymbol{J}(\boldsymbol{R}_1)+\boldsymbol{J}(\boldsymbol{R}_2)-\boldsymbol{K}(\boldsymbol{R}_2)]\} \quad (28)$$

gegeben, wobei $\boldsymbol{R}_1$ und $\boldsymbol{R}_2$ bzw. $\boldsymbol{T}_1$ und $\boldsymbol{T}_2$ sich hier auf die MO's ϕ_i bzw. ϕ_k' beziehen.

Durch Einführung der Besetzungszahlen ν_1 und ν_2 lassen sich Gl. (25) und Gl. (28) zu einer Gleichung kombinieren (*90*):

$$E = \nu_1 Sp\, \boldsymbol{R}_1(\boldsymbol{h} + \tfrac{1}{2}\boldsymbol{G}_1) + \nu_2 Sp\, \boldsymbol{R}_2(\boldsymbol{h} + \tfrac{1}{2}\boldsymbol{G}_2) \tag{29}$$

wobei

$$\boldsymbol{G}_i = \boldsymbol{G}_{ii}(\nu_i \boldsymbol{R}_i) + \boldsymbol{G}_{ij}(\nu_j \boldsymbol{R}_j) \tag{30}$$

mit

$$\boldsymbol{G}_{ij}(\boldsymbol{R}) = \begin{cases} \boldsymbol{J}(\boldsymbol{R}) & \text{, wenn } \nu_i = \nu_j = 1, \text{ Spin antiparallel} \\ \boldsymbol{J}(\boldsymbol{R}) - \boldsymbol{K}(\boldsymbol{R}) & \text{, wenn } \nu_i = \nu_j = 1, \text{ Spin parallel} \\ \boldsymbol{J}(\boldsymbol{R}) - \tfrac{1}{2}\boldsymbol{K}(\boldsymbol{R}) & \text{, in allen anderen Fällen} \end{cases} \tag{31}$$

Mit $\nu_1 = \nu_2 = 1$ und $\boldsymbol{R}_1 = \boldsymbol{R}_2 = \boldsymbol{R}$ oder $\nu_1 = 2$, $\nu_2 = 0$ und $\boldsymbol{R}_1 = \boldsymbol{R}$ geht Gl. (29) in Gl. (15) für den Fall abgeschlossener Schalen über.

a) *Die beschränkte* SCF-*Methode*

Führen wir mit einem Gewichtsfaktor versehene SCF-Operatoren $\hat{\boldsymbol{F}}_1$ und $\hat{\boldsymbol{F}}_2$ mit

$$\hat{\boldsymbol{F}}_1 = \nu_1 \boldsymbol{F}_1 = \nu_1(\boldsymbol{h} + \boldsymbol{G}_1)$$

und

$$\hat{\boldsymbol{F}}_2 = \nu_2 \boldsymbol{F}_2 = \nu_2(\boldsymbol{h} + \boldsymbol{G}_2) \tag{32}$$

ein, so lassen sich die Bedingungen für das Vorliegen der SCF-Lösungen entsprechend der Gl. (17) und Gl. (18) wie folgt formulieren:

$$\delta E = Sp\, \hat{\boldsymbol{F}}_1 \delta \boldsymbol{R}_1 + Sp\, \hat{\boldsymbol{F}}_2 \delta \boldsymbol{R}_2 = 0 \tag{33}$$

und

$$\boldsymbol{R}_1^2 = \boldsymbol{R}_1, \quad \boldsymbol{R}_2^2 = \boldsymbol{R}_2 \quad \text{und} \quad \boldsymbol{R}_1 \boldsymbol{R}_2 = 0 \tag{34}$$

Die Nebenbedingungen Gl. (34) entsprechen der Forderung nach Orthonormalität der MO's ϕ_i und ϕ_k. Die allgemeinsten Variationen erster Ordnung, die diesen Bedingungen genügen, besitzen die Form

$$\delta \boldsymbol{R}_1 = (\boldsymbol{R}_1 \boldsymbol{X}_1 \boldsymbol{R}_3 + \boldsymbol{R}_3 \boldsymbol{X}_1^+ \boldsymbol{R}_1) + (\boldsymbol{R}_1 \boldsymbol{X}_0 \boldsymbol{R}_2 + \boldsymbol{R}_2 \boldsymbol{X}_0^+ \boldsymbol{R}_1)$$

und

$$\delta \boldsymbol{R}_2 = (\boldsymbol{R}_2 \boldsymbol{X}_2 \boldsymbol{R}_3 + \boldsymbol{R}_3 \boldsymbol{X}_2^+ \boldsymbol{R}_2) - (\boldsymbol{R}_1 \boldsymbol{X}_0 \boldsymbol{R}_2 + \boldsymbol{R}_2 \boldsymbol{X}_0^+ \boldsymbol{R}_1)$$

wobei $\boldsymbol{X}_1$, $\boldsymbol{X}_2$ und $\boldsymbol{X}_0$ beliebige quadratische Matrizen sind und $\boldsymbol{R}_3 = (1 - \boldsymbol{R}_1 - \boldsymbol{R}_2)$ ist (*90*). Aus Gl. (33) folgt somit

$$\delta E = 2 Sp\, \boldsymbol{X}_1^+ \boldsymbol{R}_1 \hat{\boldsymbol{F}}_1 \boldsymbol{R}_3 + 2 Sp\, \boldsymbol{X}_2^+ \boldsymbol{R}_2 \hat{\boldsymbol{F}}_2 \boldsymbol{R}_3 + 2 Sp\, \boldsymbol{X}_0^+ \boldsymbol{R}_1 (\hat{\boldsymbol{F}}_1 - \hat{\boldsymbol{F}}_2) \boldsymbol{R}_2 = 0$$

oder

$$\begin{aligned} &(a) \quad \boldsymbol{R}_1 \hat{\boldsymbol{F}}_1 \boldsymbol{R}_3 = 0 \\ &(b) \quad \boldsymbol{R}_2 \hat{\boldsymbol{F}}_2 \boldsymbol{R}_3 = 0 \\ &(c) \quad \boldsymbol{R}_1 (\hat{\boldsymbol{F}}_1 - \hat{\boldsymbol{F}}_2) \boldsymbol{R}_2 = 0 \end{aligned} \tag{35}$$

Die Gl. (35) bilden wieder die Grundlage für eine direkte Bestimmung von $\boldsymbol{R}_1$ und $\boldsymbol{R}_2$ nach der Gradienten-Methode (*88*), die Lösung der Gl. (35) ist äquivalent der Lösung eines Eigenwertproblems mit dem effektiven Hamilton-Operator

$$\begin{aligned} \bar{\boldsymbol{F}} = {} & a(1-\boldsymbol{R}_2)\,\hat{\boldsymbol{F}}_1(1-\boldsymbol{R}_2) + b(1-\boldsymbol{R}_1)\,\hat{\boldsymbol{F}}_2(1-\boldsymbol{R}_1) \\ & + c(\boldsymbol{R}_1+\boldsymbol{R}_2)\,(\hat{\boldsymbol{F}}_1-\hat{\boldsymbol{F}}_2)\,(\boldsymbol{R}_1+\boldsymbol{R}_2), \end{aligned} \tag{36}$$

denn $\bar{\boldsymbol{F}}$ genügt den der Gl. (22) entsprechenden Vertauschungsrelationen

$$\bar{\boldsymbol{F}}\boldsymbol{R}_1 - \boldsymbol{R}_1\bar{\boldsymbol{F}} = 0$$

und

$$\bar{\boldsymbol{F}}\boldsymbol{R}_2 - \boldsymbol{R}_2\bar{\boldsymbol{F}} = 0, \tag{37}$$

so daß die Spaltenvektoren $\boldsymbol{c}_i$ und $\boldsymbol{c}_k$ von $\boldsymbol{T}_1$ und $\boldsymbol{T}_2$ die Eigenwertgleichung

$$\bar{\boldsymbol{F}}\boldsymbol{c}_j = \varepsilon_j \boldsymbol{c}_j \tag{38}$$

erfüllen (*90*).

Um zu sehen, daß Gl. (35) und Gl. (37) äquivalent sind, multipliziert man Gl. (37) von links und von rechts mit $\boldsymbol{R}_1$, $\boldsymbol{R}_2$ und $\boldsymbol{R}_3$ und findet

$$\boldsymbol{R}_1\bar{\boldsymbol{F}}\boldsymbol{R}_2 = \boldsymbol{R}_2\bar{\boldsymbol{F}}\boldsymbol{R}_1 = 0$$

$$\boldsymbol{R}_1\bar{\boldsymbol{F}}\boldsymbol{R}_3 = \boldsymbol{R}_3\bar{\boldsymbol{F}}\boldsymbol{R}_1 = 0$$

und

$$\boldsymbol{R}_2\bar{\boldsymbol{F}}\boldsymbol{R}_3 = \boldsymbol{R}_3\bar{\boldsymbol{F}}\boldsymbol{R}_2 = 0$$

Einsetzen in Gl. (36) ergibt die Gl. (35)

$$\text{(a)} \quad \boldsymbol{R}_1\bar{\boldsymbol{F}}\boldsymbol{R}_3 = a \cdot \boldsymbol{R}_1\hat{\boldsymbol{F}}_1\boldsymbol{R}_3 = 0$$

$$\text{(b)} \quad \boldsymbol{R}_2\bar{\boldsymbol{F}}\boldsymbol{R}_3 = b \cdot \boldsymbol{R}_2\hat{\boldsymbol{F}}_2\boldsymbol{R}_3 = 0$$

und

$$\text{(c)} \quad \boldsymbol{R}_1\bar{\boldsymbol{F}}\boldsymbol{R}_2 = c \cdot \boldsymbol{R}_1(\hat{\boldsymbol{F}}_1 - \hat{\boldsymbol{F}}_2)\,\boldsymbol{R}_2 = 0$$

und es folgt, daß die Konstanten a, b und c in Gl. (36) beliebig gewählt werden können. Folglich ist $\bar{\boldsymbol{F}}$ der gesuchte Hamilton-Operator, der einen orthonormalen Satz von Eigenvektoren besitzt, welche die abgeschlossenen Schalen, die offenen Schalen und die unbesetzten MO's beschreiben. Unter der Annahme, daß die Berücksichtigung der Elektronenwechselwirkung die Reihenfolge der Eigenwerte von $\bar{\boldsymbol{F}}$ nicht ändert, ist $\boldsymbol{R}_1 = \boldsymbol{T}_1 \boldsymbol{T}_1^+$ und $\boldsymbol{R}_2 = \boldsymbol{T}_2 \boldsymbol{T}_2^+$, wenn $\boldsymbol{T} = (\boldsymbol{T}_1 \vdots \boldsymbol{T}_2 \vdots \boldsymbol{T}_3)$ die Matrix ist, deren Spalten von den $\boldsymbol{c}_i$ gebildet werden.

Die Lösung der beschränkten SCF-Gleichungen für offene Schalen können wir wie folgt zusammenfassen:

Ausgehend von Näherungslösungen, z.B. den Hückel-MO's, werden $\boldsymbol{R}_1$ und $\boldsymbol{R}_2$ gebildet, mit deren Hilfe nach Gl. (36) $\bar{\boldsymbol{F}}$ berechnet wird. Die Lösung des Eigenwertproblems Gl. (38) ergibt neue Matrizen $\boldsymbol{R}_1$ und $\boldsymbol{R}_2$, mit deren Hilfe $\bar{\boldsymbol{F}}$ erneut berechnet wird, usw. Der Prozeß wird fortgesetzt, bis sich $\boldsymbol{R}_1$ und $\boldsymbol{R}_2$ beliebig wenig ändern.

Da die Wahl der Konstanten a, b und c in Gl. (36) beliebig ist, kommt den Orbitalenergien in der beschränkten SCF-Methode für offene Schalen keine physikalische Bedeutung zu, denn durch unterschiedliche Werte für a, b und c kann die relative Lage der ε_i verändert werden. $\boldsymbol{R}_1$ und $\boldsymbol{R}_2$ und damit die nach Gl. (25) gegebene Gesamtelektronenenergie E sind dagegen invariant gegenüber der Wahl von a, b und c. Mit den Werten $a = \frac{1}{4}$, $b = c = \frac{1}{2}$ wird.

$$\begin{aligned}\bar{\boldsymbol{F}} = \tfrac{1}{2}(\boldsymbol{1} - \boldsymbol{R}_2)\, \boldsymbol{F}_1 (\boldsymbol{1} - \boldsymbol{R}_2) + \tfrac{1}{2}(\boldsymbol{1} - \boldsymbol{R}_1)\, \boldsymbol{F}_2 (\boldsymbol{1} - \boldsymbol{R}_1) \\ + \tfrac{1}{2}(\boldsymbol{R}_1 + \boldsymbol{R}_2)\,(2\boldsymbol{F}_1 - \boldsymbol{F}_2)\,(\boldsymbol{R}_1 + \boldsymbol{R}_2)\end{aligned}$$

und für den Grenzfall $\boldsymbol{F}_1 = \boldsymbol{F}_2 = \boldsymbol{F}$ gehen die Gleichungen in die des Einelektronenmodells über, für welches die MO's der offenen und der abgeschlossenen Schalen Eigenvektoren des gleichen Operators und folglich $\boldsymbol{R}_1$ und $\boldsymbol{R}_2$ einzeln mit $\boldsymbol{F}$ vertauschbar sind, so daß $\bar{\boldsymbol{F}} = \hat{\boldsymbol{F}}$ ist (*90*).

b) *Die unbeschränkte* SCF-*Methode*

Die SCF-Gleichungen der Methode der verschiedenen Orbitale für verschiedenen Spin, bei der die Wellenfunktionen in der durch Gl. (27) gegebenen Form angesetzt wird, sind insofern leichter abzuleiten, als die Spinorbitale $\psi_i = \phi_i \alpha$ und $\psi_k' = \phi_k' \beta$ automatisch infolge der verschiedenen Spinfunktionen orthogonal zu einander sind. Somit ist die Nebenbedingung $\boldsymbol{R}_1 \boldsymbol{R}_2 = \boldsymbol{0}$ in Gl. (34) nicht erforderlich, und die unbeschränkten SCF-MO's sind durch die Forderung

$$\delta E = Sp\, \boldsymbol{F}_1\, \delta \boldsymbol{R}_1 + Sp\, \boldsymbol{F}_2\, \delta \boldsymbol{R}_2 = 0 \tag{39}$$

unter der Nebenbedingung

$$\boldsymbol{R}_1^2 = \boldsymbol{R}_1 \quad \text{und} \quad \boldsymbol{R}_2^2 = \boldsymbol{R}_2 \tag{40}$$

definiert. Gl. (40) ist immer erfüllt, wenn $\boldsymbol{R}_1$ und $\boldsymbol{R}_2$ getrennt variiert werden, so daß in Analogie zur SCF-Methode für abgeschlossene Schalen die unbeschränkten MO's durch die Eigenwertprobleme

$$\boldsymbol{F}^\alpha \boldsymbol{c}_i^\alpha = \varepsilon_i^\alpha \boldsymbol{c}_i^\alpha$$

und (41)

$$\boldsymbol{F}^\beta \boldsymbol{c}_i^\beta = \varepsilon_i^\beta \boldsymbol{c}_i^\beta$$

definiert sind, wobei für $\boldsymbol{F}_1$ und $\boldsymbol{F}_2$ die dem vorliegenden Fall angepaßte Bezeichnung $\boldsymbol{F}^\alpha$ und $\boldsymbol{F}^\beta$ eingeführt wurde. Nach Gl. (29) ist mit $\boldsymbol{R} = \boldsymbol{R}^\alpha + \boldsymbol{R}^\beta$

$$\boldsymbol{F}^\alpha = \boldsymbol{h} + \boldsymbol{G}^\alpha = \boldsymbol{h} + \boldsymbol{J}(\boldsymbol{R}) - \boldsymbol{K}(\boldsymbol{R}^\alpha)$$

und (42)

$$\boldsymbol{F}^\beta = \boldsymbol{h} + \boldsymbol{G}^\beta = \boldsymbol{h} + \boldsymbol{J}(\boldsymbol{R}) - \boldsymbol{K}(\boldsymbol{R}^\beta)$$

Ist die Anzahl der Elektronen mit α-Spin gleich der Anzahl der Elektronen mit β-Spin ($m_2 = 0$), so wird mit $\boldsymbol{R}^\alpha = \boldsymbol{R}^\beta$ $\boldsymbol{F}^\alpha = \boldsymbol{F}^\beta$ und Gl. (41) geht in die entsprechende Gleichung der SCF-Methode für abgeschlossene Schalen über. Verschiedene MO's für Elektronen mit verschiedenen Spin treten nur auf, wenn die Anzahl der Elektronen mit α-Spin von derjenigen der Elektronen mit β-Spin verschieden ist (vgl. aber (*66a*)).

Da die Wellenfunktion Gl. (27) aus verschiedenen MO's für Elektronen mit α-Spin und β-Spin aufgebaut ist, ist sie im allgemeinen keine Eigenfunktion des Gesamtspin-Operators $\mathcal{S}^2$, sondern eine Kombination von Zuständen verschiedener Multiplizität

$$\Psi = c_0 \Psi_{2s+1} + c_1 \Psi_{2s+3} + \ldots + c_k \Psi_{N+1} \tag{43}$$

wobei $s = \frac{1}{2} m_2$ der Eigenwert des Operators $\mathcal{S}_z$ ist. Die Spin-Eigenfunktion der Multiplizität $(2s+1)$ kann durch Anwendung des Projektionsoperators (*75*)

$$\mathcal{O}_{2s+1} = \prod_{k \neq s} \frac{\mathcal{S}^2 - k(k+1)}{s(s+1) - k(k+1)} \tag{44}$$

auf Ψ und anschließende Normierung des Ergebnisses $\mathcal{O}\Psi$ erhalten werden.

Die projizierte Funktion ist eine Linearkombination von Slater-Determinanten, die Anzahl der Terme steigt mit der Anzahl N der Elektronen des Moleküls. Untersuchungen von *Amos* und *Hall* (*4*) haben gezeigt, daß zumindest für die Ionen und die niedrigsten Triplett-Zustände die Koeffizienten $c_1, c_2 \ldots$ schnell sehr klein werden, so daß eine einfache

Annihilation der niedrigsten unerwünschten Multiplizität $2s+3$ durch den Operator

$$\mathcal{A}_{s+1} = \mathcal{S}^2 - (s+1)(s+2) \tag{45}$$

in den meisten Fällen ausreichen sollte. *Snyder* und *Amos* (*133*) geben Formeln für Spindichten und Ladungsdichten und den Erwartungswert des Operators $\mathcal{S}^2$ für die Funktion $\mathcal{A}_{s+1}\Psi$ an, wobei diese Größen durch die Matrizen $\boldsymbol{R}_\alpha$ und $\boldsymbol{R}_\beta$ ausgedrückt werden.

c) *Die erweiterte* SCF-*Methode*

In der unbeschränkten SCF-Methode wird die Wellenfunktion durch Anwendung des Variationsprinzips auf eine Funktion erhalten, die Komponenten der verschiedensten Multiplizitäten enthält. In der erweiterten SCF-Methode dagegen wird das Variationsprinzip auf eine durch Spinprojektion gewonnene Funktion $\overline{\Psi} = \mathcal{O}\Psi$ angewandt, und es gilt

$$E \leqq \frac{\int \overline{\Psi}^* \mathcal{H} \overline{\Psi}\, d\tau}{\int \overline{\Psi}^* \overline{\Psi}\, d\tau} = \frac{\int \Psi^* \mathcal{O}^+ \mathcal{H} \mathcal{O} \Psi\, d\tau}{\int \Psi^* \mathcal{O} \Psi\, d\tau}, \tag{46}$$

so daß die Erweiterung der üblichen SCF-Methode als Minimisierung des Erwartungswertes des Operators $\mathcal{O}^+ \mathcal{H} \mathcal{O}$ aufgefaßt werden kann. $\mathcal{O}^+ \mathcal{H} \mathcal{O}$ enthält Mehrteilchen-Wechselwirkungen, die eine praktische Anwendbarkeit des Verfahrens auf einzelne spezielle Fälle beschränken.

Das bekannteste Beispiel einer erweiterten SCF-Methode bildet die Methode der alternierenden Molekül-Orbitale (AMO) von *Löwdin* (*75, 79, 117*), die auf alle molekularen Systeme anwendbar ist, die aus identischen Atomkernen aufgebaut sind, wobei sich die Atome in zwei Klassen einteilen lassen derart, daß nie zwei Atome der gleichen Klasse benachbart sind. In die Klasse der alternierenden Systeme gehören auch die π-Elektronensysteme alternierenden Kohlenwasserstoffe. Bei alternierenden Systemen treten MO's, die aus orthogonalen Basisfunktionen aufgebaut sind (HMO's oder Pople-SCF-MO's) paarweise auf, so daß

$$\phi_k = \textstyle\sum^* c_{\mu k}\, \varphi_\mu + \sum^0 c_{\nu k}\, \varphi_\nu$$

und

$$\phi_{\bar{k}} = \textstyle\sum^* c_{\mu k}\, \varphi_\mu - \sum^0 c_{\nu k}\, \varphi_\nu, \tag{47}$$

wobei $\sum^*$ und $\sum^0$ die Summationen über die beiden Klassen von Atomen darstellen. In der AMO-Methode verwendet man nun Linearkombinationen dieser paarweise auftretenden Orbitale der Form

$$\begin{aligned}\Theta_k &= \cos a_k\, \phi_k + \sin a_k\, \phi_{\bar{k}} = (\cos a_k + \sin a_k) \textstyle\sum^* c_{\mu k} \varphi_\mu \\ &\quad + (\cos a_k - \sin a_k) \textstyle\sum^0 c_{\nu k}\, \varphi_\nu \\ \Theta_{\bar{k}} &= \cos a_k\, \phi_k - \sin a_k\, \phi_{\bar{k}} = (\cos a_k - \sin a_k) \textstyle\sum^* c_{\mu k}\, \varphi_\mu \\ &\quad + (\cos a_k + \sin a_k) \textstyle\sum^0 c_{\nu k}\, \varphi_\nu\end{aligned} \tag{48}$$

Die a_k werden durch Minimisierung der Energie nach der Spinprojektion bestimmt, und im Gegensatz zur unbeschränkten SCF-Methode ist die AMO-Methode auch auf Singulett-Grundzustände anwendbar. Rechnungen mit konstanten a_k für alle Orbitale Θ_k und mit verschiedenen a_k-Werten wurden für die π-Elektronen einer Reihe konjugierter Kohlenwasserstoffe durchgeführt und liefern ausgezeichnete Ergebnisse.

3. SCF-Rechnungen an Atomen und Molekülen

Mit Hilfe der beschriebenen SCF-Methoden kann man die im Rahmen des Modells der unabhängigen Teilchen optimalen Wellenfunktionen und Energien (die Hartree-Fock-Wellenfunktionen und Energien) berechnen, sofern man für die Entwicklung der Einelektronenfunktionen nach Gl. (11) einen vollständigen Satz von Basisfunktionen verwendet. Eine vollständige Basis bezüglich eines bestimmten Variablenbereiches enthält unendlich viele Elemente und ist immer dann gegeben, wenn es in diesem Variablenbereich keine Funktion mit den gleichen Randbedingungen gibt, die zu sämtlichen Basisfunktionen orthogonal ist, d. h. wenn sich jede beliebige Funktion nach dieser Basis entwickeln läßt.

a) *Wahl der Basisfunktionen*

Es existieren eine Reihe vollständiger Sätze von Basisfunktionen, die jedoch nicht alle gleich gut für quantenchemische Rechnungen geeignet sind. Gegeneinander abzuwägen sind dabei im wesentlichen die Konvergenz der Ergebnisse zum wahren Hartree-Fock-Wert in Abhängigkeit von der Anzahl der Basisfunktionen und der mathematische Aufwand bei der Berechnung der in den Energieausdrücken auftretenden Mehrzentrenintegrale, vor allem der Elektronenwechselwirkungsintegrale

$$(\mu\nu|\varkappa\lambda) = \int \varphi_\mu^*(1)\, \varphi_\nu(1)\, \frac{1}{r_{12}}\, \varphi_\varkappa^*(2)\, \varphi_\lambda(2)\, d\tau_1\, d\tau_2,$$

die im allgemeinen Fall Vierzentrenintegrale sind. Wie sehr die Berechnung dieser Integrale die Durchführbarkeit einer Rechnung bestimmt, deutet die Tabelle 1 an, in der die Anzahl der zu berechnenden Elektronenwechselwirkungsintegrale in Abhängigkeit von der Anzahl der Basisfunktionen angegeben ist.

Meist werden die Basisfunktionen als Produkt eines Radialanteiles $R(r)$ mit den normierten Kugelfunktionen $Y_{l,m}(\vartheta, \varphi)$ dargestellt.

Die wasserstoffähnlichen Funktionen für Kerne der Ladung Z, deren Radialanteil durch

$$r^l L_{n+l}^{2l+1}(2Zr/n)\, e^{-Zr/n} \tag{49}$$

Tabelle 1. *Zu berechnende Elektronenwechselwirkungsintegrale für verschiedene Anzahl(n) von Basisfunktionen (nach (23))*

n	Zahl der $(\varkappa\lambda \vert \mu\nu)$
10	1540
20	22155
30	108345
40	336610
50	813450
100	12753775

gegeben ist, wobei die L_q^p die assoziierten Laguerreschen Polynome und n, l und m die Haupt-, Neben- und Achsenquantenzahlen sind, bilden einen diskreten orthogonalen Satz, der jedoch ohne die sogenannten Kontinuumsfunktionen nicht vollständig ist.

Die assoziierten Laguerre-Funktionen $(2l+2)$-ter Ordnung mit einheitlichem Orbitalexponenten a dagegen bilden einen vollständigen dis-

$$r^l L_{n+l+1}^{2l+2}(2ar)\, e^{-ar} \tag{50}$$

kreten Satz (*128*), dessen Anwendbarkeit für Rechnungen an Atomen von *Kutzelnigg* (*68*) diskutiert wurde. Die Berechnung von Mehrzentren-Elektronenwechselwirkungsintegralen ist jedoch in dieser Basis sehr problematisch, so daß sie für Mehrzentrenentwicklungen wenig geeignet erscheint.

Die meist verwendeten Basisfunktionen sind die Slater-Orbitale (SO's) oder STO's (für „Slater type orbitals“)[10], deren Radialanteil durch

$$r^{n-1} e^{-\zeta r} \tag{51}$$

[10] Man unterscheidet zwischen Slater-Funktionen im Sinne der Slater'schen Regeln (SO's) und den als Basis für eine Variationsrechnung verwendeten Funktionen des Typs Gl. (51), die als STO's bezeichnet werden.

gegeben ist (*131*). STO's an einem Zentrum bilden einen vollständigen Satz, so daß auch die Wellenfunktion eines mehratomigen Moleküls nach ihnen entwickelt werden kann. Solche Einzentrenentwicklung ist für atomare Systeme ausgezeichnet geeignet; es ist aber auch klar, daß bei Anwendungen auf molekulare Systeme an den Kernen, die nicht mit dem Entwicklungszentrum zusammenfallen, größere Fehler in der Wellenfunktion auftreten (vgl. Abb. 1). Dieser Nachteil kann teilweise durch die Wahl einer genügend großen Basis kompensiert werden, da die Elektronenwechselwirkungsintegrale bei einer Einzentrenentwicklung sehr leicht zu berechnen sind.

Die bei weitem am häufigsten angewandte Basis für Rechnungen an Molekülen stellen STO's an jedem einzelnen Atom dar. Eine solche Basis ist übervollständig (ein vollständiger Satz an jedem Zentrum), wodurch Schwierigkeiten durch lineare Abhängigkeiten zwischen den Basisfunktionen auftreten können (*79*).

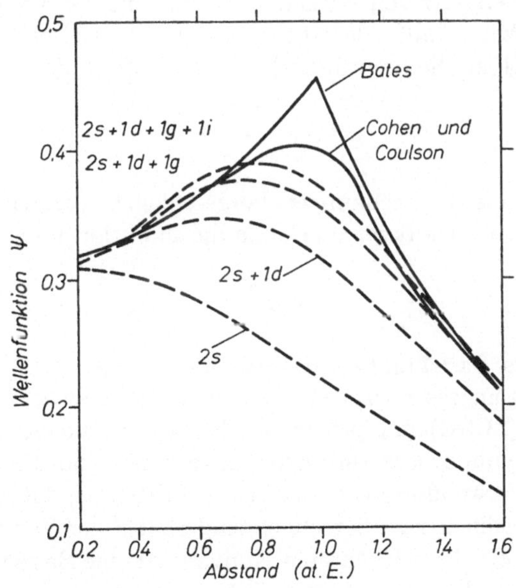

Abb. 1. Entwicklung der H_2-Wellenfunktion nach STO's am Mittelpunkt der Kernverbindungslinie, verglichen mit der numerischen Funktion von *Cohen* und *Coulson* und der exakten Funktion von *Bates* (nach (*50*)). Aufgetragen ist der Wert von Ψ entlang der Kernverbindungslinie gegen den Abstand von ihrem Mittelpunkt

In vielen Fällen beschränkt man sich bei SCF-Rechnung an Molekülen auf eine kleine Zahl STO's als Basisfunktionen, das Minimum ist ein STO für jedes Orbital der Valenzschale und der inneren Schalen.

Man spricht dann von LCAO-MO-SCF-Rechnung mit beschränkter bzw. minimaler Basis („limited basis" bzw. „minimum basis SCF") und es ist zu beachten, daß es sich hier nicht um Hartree-Fock-Rechnungen in dem Sinne der bestmöglichen Eindeterminanten-Darstellung einer Wellenfunktion handelt.

Aber selbst bei Verwendung der minimalen Anzahl STO's sind die Rechnungen infolge der großen Anzahl der Elektronenwechselwirkungsintegrale so komplex, daß sie erst in den letzten Jahren auf größere Moleküle wie Äthan (*120*), Äthylen, Formaldehyd (*108*) usw. ausgedehnt werden konnten.

Gelegentlich werden auch analytische Hartree-Fock-Orbitale als Basisfunktionen für Rechnungen an Molekülen verwendet. Dabei handelt es sich um Linearkombinationen von STO's, welche für die Atome die Hartree-Fock-Energie liefern. Sie bieten also nichts grundsätzlich Neues gegenüber den STO's, führen aber zu einer erheblich schnelleren Konvergenz der Ergebnisse zum Hartree-Fock-Wert.

Einen weiteren Satz von Basisfunktionen, der gerade in jüngster Zeit wieder in den Mittelpunkt des Interesses gerückt ist, bilden die Gaußfunktionen (GTF's), die ursprünglich von *Boys* (*9*) in der Form

$$r^{2k} x^l y^m z^n e^{-ar^2} \qquad (52)$$

für quantenchemische Rechnungen vorgeschlagen wurden. Als „reine" Gaußfunktionen (GO's) bezeichnet man die Funktionen der Form

$$e^{-ar^2} \qquad (53)$$

die ebenfalls als Basisfunktionen verwendet werden (*121, 136*), wobei man z. B. ein atomares p-Orbital durch fixierte Linearkombination von Gaußorbitalen (LCGO) mit paarweise gleichen Exponenten beschreibt, deren Zentren symmetrisch zum Atom angeordnet sind. Der wesentliche Grund für die Verwendung von GO's ist die Tatsache, daß die Integrale bis zu 100 mal schneller zu berechnen sind als bei der Verwendung von STO's, so daß trotz der schlechteren Konvergenz eine Basis von GO's bei großen Molekülen Vorteile aufweisen kann.

b) *Einige Ergebnisse der Energieberechnung*

Analytische Hartree-Fock-Funktionen der ersten drei Perioden des periodischen Systems (He bis Kr) wurden durch eine Entwicklung nach STO's für die neutralen Atome, die positiven und die negativen Ionen berechnet und tabelliert (*21*). Tabelle 2 gibt einen Vergleich der Hartree-Fock-Energie für die Atome der ersten Periode mit den Energien, die

Tabelle 2. *SCF-Energien (in* at. E.*) der Atome der ersten Periode für verschiedene Basisfunktionen*

	HF—AO's[a)]	GTO's[b)]	GO's[c)]	STO's[d)]	STO's[e)]	SO's[f)]
Li (^2S)	— 7,43273	— 7,43228	— 7,43119	— 7,43272	— 7,41848	— 7,41763
Be (^1S)	— 14,57302	— 14,57207	— 14,57027	— 14,57237	— 14,55674	— 14,55602
B (^2P)	— 14,52905	— 24,52713	— 24,52409	— 24,52789	— 24,49837	— 24,49495
C (^3P)	— 37,68861	— 37,68525	— 37,68052	— 37,68668	— 37,62239	— 37,61855
N (^4S)	— 54,40091	— 54,39534	— 54,38815	— 54,39787	— 54,26890	— 54,26502
O (^3P)	— 74,80935	— 74,80029	— 74,79154	— 74,80418	— 74,54036	— 74,53294
F (^2P)	— 99,40929	— 99,39559	— 99,3823	— 99,40116	— 98,94211	— 98,93168
Ne (^1S)	—128,54701	—128,5267	—128,5102	—128,53480	—127,81219	—127,79953

a) Analytische Hartree-Fock-AO's (*20*).

b) 9 GTO's vom *s*-Typ und 5 GTO's vom *p*-Typ (*54*).

c) 3 LCGO's vom *s*-Typ und 1 LCGO vom *p*-Typ, insgesamt 15 GO's (*136*).

d) „Double ζ"-Methode (*20*).

e) Minimale Basis mit optimalisierten ζ (*22*).

f) Minimale Basis, ζ nach Slater-Regeln.

mit Hilfe von einer beschränkten Basis von STO's, GTO's oder GO's erhalten wurden. Die „Double ζ"-Methode besteht in der Verwendung zweier STO's für jedes Atomorbital (1*s*, 2*s*, 2*p* ...), wobei die Orbitalexponenten ζ für jedes Atom durch Minimisierung der Energie optimalisiert werden. Die besten Orbitalexponenten für die Verwendung von einem und zwei STO's für jedes AO sind von *Clementi* und *Raimondi* (*22*) bzw. von *Clementi* (*20*) tabelliert worden. Sie sind für Molekülberechnungen, bei denen eine volle Optimalisierung der Orbitalexponenten meist nicht möglich ist, von großem Wert. Mit einer Basis von 9 GTF's vom *s*-Typ und 5 GTF's vom *p*-Typ erhält man Ergebnisse (*54*), die mit denen der „Double ζ"-Methode vergleichbar sind.

Tabelle 3. *SCF-Energien für das HF-Molekül*

Methode	Basis	Energie	Literatur
LCAO—MO	4 STO, Slater-ζ	— 99,479	*Ballinger* (*5*)
LCAO—MO	4 STO, opt. ζ	— 99,531	
LCAO—MO	Hartree-Fock-AO's	— 99,963	*Karo* u. *Allen* (*57*)
Einzentr.-Entw.	21 STO's	—100,0053	*Moccia* (*94*)
Einzentr.-Entw.	23 GTO's	—100,0176	*Csizmadia* et. al. (*23*)
Hartree-Fock	18 STO's	—100,0571	*Nesbet* (*102*)
Exp.		—100,480	

Tabelle 3 gibt die Ergebnisse einer Reihe von SCF-Rechnungen für das HF-Molekül, Tabelle 4 diejenigen für das CH_4. Die Zahlen in diesen Tabellen sollen einen Eindruck davon geben, welche Genauigkeiten mit den verschiedenen Methoden erzielt werden können. Es zeigt sich, daß bei Verwendung einer minimalen Basis von STO's durch Optimalisierung der Orbitalexponenten nicht so viel gewonnen werden kann, wie durch Verwendung atomarer Hartree-Fock-Orbitale als Basisfunktionen. Bei Wahl einer genügend großen Basis führen sowohl die Entwicklung nach GTF's als auch die Einzentrenentwicklungen nach STO's zu Ergebnissen, die nahezu mit den wahren Hartree-Fock-Ergebnissen übereinstimmen.

Tabelle 4. *SCF-Energien für das CH_4-Molekül*

Methode	Basis	Energie	Literatur
Einzentr.-Entw.	12 STO's	—39,86597	*Moccia* (*94*)
LCAO—MO	4 STO's, Slater-ζ	—40,0606	*Klessinger* u. *McWeeny* (*62*)
LCAO—MO	19 GTO's	—40,1668	*Krauss* (*67*)
Exp.		—40,522	

Bei größeren Molekülen liegen Rechnungen mit STO's bisher nur mit minimaler Basis vor. Erwähnt sie die Arbeit von *Pitzer* und *Lipscomb* (*120*), die das Äthan in der Stellung auf Lücke und in der Stellung auf Deckung berechnet haben und einen Energieunterschied von 0,00522 at. E. = 3,3 kcal/Mol finden, in guter Übereinstimmung mit dem experimentellen Wert 3,03 ± 0,30 kcal/Mol für die Potentialschwelle der inneren Rotation.

Die Möglichkeiten, exakte Rechnungen mit einer Basis von GTF's durchzuführen, wurden in einer Arbeitsgruppe (*23*) in Cambridge/Mass. untersucht, die ein vollautomatisches Programm POLYATOM durch QCPE[11] allgemein zugänglich gemacht hat. In Abb. 2 sind die für das HF-Molekül berechneten Ergebnisse für die Energie E, den Gleichgewichtsabstand R_e und die Valenzkraftkonstante k_e in Abhängigkeit von der Anzahl der als Basis verwendeten GTF's dargestellt. Es ist interessant, daß die Energie monoton mit der Anzahl der Basis-GTF's variiert, während die abgeleiteten Größen R_e und k_e erst einen Extremwert durchlaufen, bevor sie zum wahren Ergebnis zu konvergieren beginnen.

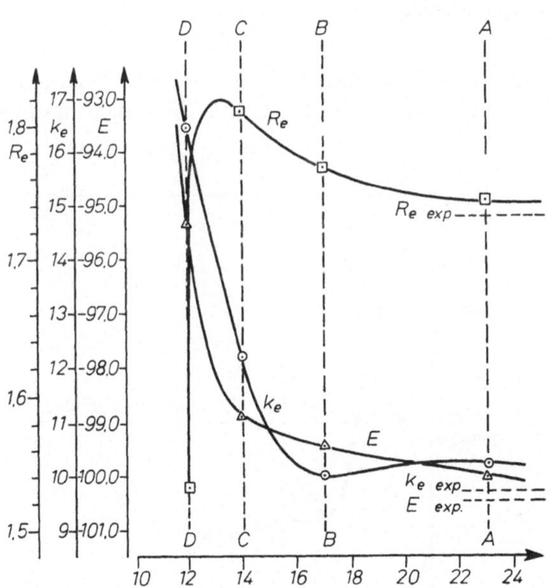

Abb. 2. Variation der berechneten primären und abgeleiteten Eigenschaften des HF mit der Anzahl der Basis-GTF's (nach (*23*)). (A = 23, B = 17, C = 14 und D = 12 GTF's)

11 Quantum Chemistry Program Exchange, Indiana University. Das Material des QCPE ist durch das Deutsche Rechenzentrum Darmstadt erhältlich.

Whitten (*136*) hat die Verwendung von GTF's und LCGO's als Basisfunktionen verglichen und die in Tabelle 5 angegebenen Ergebnisse für das Äthylen erhalten. Er verwendete einmal vier LCGO's am Kohlenstoff und ein LCGO am Wasserstoff, wobei die Orbitalexponenten und die LCGO-Koeffizienten SCF-Rechnungen an Atomen entnommen wurden; in einer zweiten Rechnung wurden je ein LCGO für die 2*p*-Orbitale und die 2*s*-Orbitale am Kohlenstoff in die entsprechende Gaußfunktion mit dem kleinsten Exponenten und ein LCGO der restlichen Gaußfunktionen zerlegt.

Tabelle 5. *SCF-Rechnungen für Äthylen mit GTO's und GO's* (*136, 99*)

	Basis	Energie
C:	9 (*s*) GTO's und 3 (*p*) GTO's	−77,95022
H:	3 (*s*) GTO's	
C:	3 (*s*) LCGO's und 1 (*p*) LCGO (15 GO's)	−77,93900
H:	1 LCGO (4 GO's)	
C:	4 (*s*) LCGO's und 2 (*p*) LCGO's (15 GO's)	−78,00121
H:	1 LCGO (4 GO's)	

Die Ergebnisse zeigen, daß dadurch bereits genügend Flexibilität eingeführt wird, um eine Rechnung mit GTF's an Genauigkeit zu übertreffen.

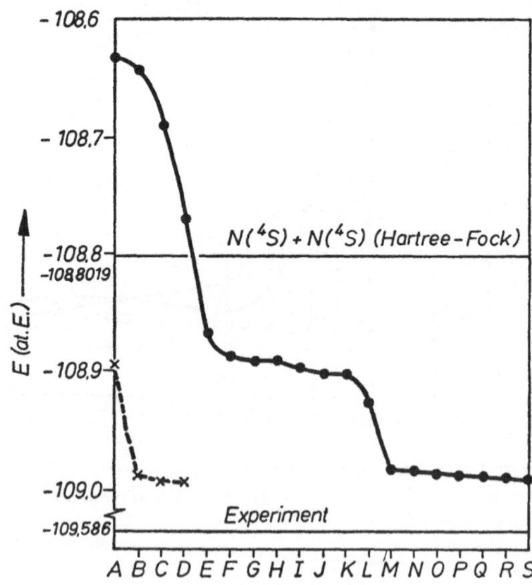

Abb. 3. Die SCF-Energie des N_2 in Abhängigkeit von der Anzahl der Basisfunktionen (nach (*13*))

In Chicago wurden Programme entwickelt, mit deren Hilfe genaueste Hartree-Fock-Rechnungen an zweiatomigen Molekülen routinemäßig durchgeführt werden können. Als Beispiel für diese Rechnungen ist in Abb. 3 die berechnete Energie des N_2-Moleküls in Abhängigkeit von der Anzahl der Basisfunktionen dargestellt (*13*).

Jede Eintragung auf der Abszisse entspricht der Einführung eines oder zweier neuer symmetrieadaptierter STO's mit Optimalisierung des Orbitalexponenten. Aus der Abb. 3 geht deutlich hervor, wie viel schneller die Konvergenz zur Hartree-Fock-Energie erreicht wird, wenn anstelle der STO's atomare Hartree-Fock-Orbitale als Basisfunktionen verwendet werden.

Die erforderlichen Rechenzeiten für solche Untersuchungen sind so groß, daß ihre Durchführbarkeit auf kleinste Moleküle beschränkt ist. Doch ist zu hoffen, daß die aus diesen Ergebnissen gewonnenen Informationen Wege für die exakte Berechnung größerer Systeme weisen werden.

III. Elektronenkorrelation

Die Entwicklung rein theoretischer Methoden und die Entwicklung semiempirischer Methoden sind eng miteinander verknüpft; wenn auch die rein theoretischen Verfahren bisher auf kleine Moleküle beschränkt sind, so enthalten doch die numerischen und methodischen Ergebnisse zahlreiche Konsequenzen für die semiempirischen Methoden, so daß hier ein knapper Überblick über einige neuere Entwicklungen angezeigt ist, obwohl die behandelten Moleküle in den seltensten Fällen das Interesse des organischen Chemikers beanspruchen können.

Die SCF-Methoden und ihre Anwendungen, die sich heute zum Teil schon auf komplexere Moleküle erstrecken, wurden im Teil II dargelegt. Diese Methoden führen das Mehrelektronenproblem formal auf ein Einelektronenmodell zurück, in dem der Elektronenwechselwirkungsoperator

$$\sum_{i<j}\sum g(i,j) = \tfrac{1}{2}\sum_{i\neq j}\sum g(i,j) = \sum_{i}\left\{\tfrac{1}{2}\sum_{j\neq i} g(i,j)\right\} \tag{1}$$

durch eine Summe von Einelektronenoperatoren

$$\tfrac{1}{2}\sum_{i\neq j} g(i,j) \to \mathscr{G}_i(i) \tag{2}$$

ersetzt wird.

Für Systeme mit abgeschlossenen Schalen hat $\mathscr{G}(i)$ die Form

$$\mathscr{G}_i(1) = 2\mathscr{J}_i(1) - \mathscr{K}_i(1) \tag{3}$$

mit

$$\mathscr{J}_i(1)\,\phi(1) = \int |\psi_i(2)|^2 \frac{1}{r_{12}} dv_2\, \phi(1)$$

und (4)

$$\mathscr{K}_i(1)\,\phi(1) = \int \psi_i^*(2)\,\phi(2)\,\frac{1}{r_{12}}\, dv_2\, \psi_i(1)$$

$\mathscr{J}_i(1)$ und $\mathscr{K}_i(1)$ sind die Operatoren, deren Matrixdarstellung durch Gl. (II—9) gegeben ist.

Es ist klar, daß $\mathscr{G}_i(1)$ ein mittleres Potential angibt, in dem sich das Elektron 1 bewegt, unabhängig von der tatsächlichen Bewegung der übrigen Elektronen des Systems. Der Fehler, den man durch den Orbital-Ansatz für die Wellenfunktion macht, rührt also daher, daß zwischen den Bewegungen der einzelnen Elektronen keine Korrelation besteht, so daß sich in dieser Näherung zwei Elektronen mit verschiedenem Spin einander beliebig nähern können, während tatsächlich die Coulomb-Abstoßung eine solche Annäherung verhindern sollte[12].

Man definiert daher eine Korrelationsenergie E_{Korr} für einen bestimmten Zustand bezüglich eines bestimmten Hamilton-Operators als die Differenz zwischen dem exakten Eigenwert E_{exakt} des Hamilton-Operators und seines Erwartungswertes E_{HF} in der Hartree-Fock-Näherung:

$$E_{\text{Korr}} = E_{\text{exakt}} - E_{\text{HF}} \tag{5}$$

Betrachtet man die Gesamt-Elektronen-Energie eines Systems, so stellt die Hartree-Fock-Methode eine ausgezeichnete Näherung dar, wie z.B. aus den Daten der Tabelle 3 hervorgeht: Die berechnete Energie des HF-Moleküls unterscheidet sich um weniger als 0,5% von dem experimentellen Wert.

Doch ist diese hohe Genauigkeit für chemische Zwecke noch keineswegs ausreichend; denn die hier interessierenden Energien sind Differenzen großer Zahlen. Berechnet man die Bindungsenergie D_e des HF-Moleküls als Differenz der Elektronenenergie des Moleküls und derjenigen der getrennten Atome, so ergibt sich nach der Hartree-Fock-Methode

$$D_e = E_{\text{HF}} - E_{\text{H+F}} = -100{,}057127 + 99{,}905922 = -0{,}151205 \text{ at. E.}$$

[12] Für Elektronen mit gleichem Spin wird infolge der Antisymmetrie der Wellenfunktion, d.h. infolge des Pauli-Prinzips, die Wahrscheinlichkeit zwei Elektronen am gleichen Ort anzutreffen automatisch gleich Null.

während der experimentelle Wert $D_e = -0{,}2235$ at. E. beträgt. d.h. die Genauigkeit ist hier nicht größer als 67,6%. Die Differenz $\Delta = 0{,}072295$ at. E. = 45,36 kcal/Mol ist genau von der Größenordnung der Energien chemischer Prozesse.

Diese Zahlen zeigen die Bedeutung der Elektronenkorrelation für die chemische Bindung und machen verständlich, daß sie heute im Mittelpunkt des Interesses steht.

Weniger wichtig als für die Berechnung der Energie ist die Elektronenkorrelation für alle diejenigen Eigenschaften eines Systems, die durch einen Einelektronen-Operator charakterisiert werden, denn der wahre Erwartungswert eines solchen Operators unterscheidet sich von dem entsprechenden Hartree-Fock-Wert nur durch Terme zweiter Ordnung. Ein Beispiel stellt das elektrische Dipolmoment dar. Tabelle 6 gibt den Vergleich der mit Hartree-Fock-Funktionen berechneten Dipolmomente mit den beobachteten Werten für einige kleine Moleküle, für die Rechnungen hinreichender Genauigkeit existieren.

Tabelle 6. *Experimentelle und mit Hilfe von molekularen Hartree-Fock-Funktionen berechnete Dipolmomente μ (D) (nach (104))*

Molekül	HF	Li H	Li F
μ, beob.	1,818	−5,882	6,284
μ, berech.	1,827	−5,888	6,297

Es gibt zahlreiche Methoden, die Elektronenkorrelation in quantenchemischen Rechnungen zu erfassen (vgl. die zusammenfassenden Arbeiten von *Löwdin* (*77*), *Sinanoglu* (*129*) und *Nesbet* (*104*)). Das direkteste Verfahren, die gegenseitige Abstoßung der Elektronen zu berücksichtigen, besteht in der Berücksichtigung eines r_{12}-abhängigen Terms in der Wellenfunktion und geht auf die Behandlung des He-Atoms durch *Hylleraas* zurück (*55*). Es ist jedoch schwierig, diese Methode für Systeme mit mehr als zwei Elektronen zu verallgemeinern. Einen Teil der Elektronenkorrelation kann man auch dadurch erfassen, daß man für Elektronen mit α- und β-Spin verschiedene Orbitale verwendet, etwa im Rahmen der unbeschränkten und erweiterten SCF-Methoden. Mit der AMO-Methode (vgl. Abschnitt II, 2c), die auch auf Systeme mit abgeschlossenen Schalen anwendbar ist, konnte durch Verwendung verschiedener α_k-Werte für die einzelnen Orbitale (Gl. (II—48)) 91% der π-Elektronenkorrelation des Benzols erhalten werden (*46*).

Wir wollen uns in diesem Abschnitt im wesentlichen auf die Methode der Konfigurationswechselwirkung, die Methode der paarkorrelierten

Wellenfunktionen und semiempirische Verfahren zur Bestimmung der Korrelationsenergie beschränken.

1. Die Methode der Konfigurationswechselwirkung

Die Methode der Konfigurationswechselwirkung (CI-Methode, engl. „configuration interaction") ist formal das einfachste Verfahren, um ausgehend vom Modell der unabhängigen Teilchen über die Hartree-Fock-Methode hinauszugelangen und die Elektronen-Korrelation zu erfassen. Sie beruht auf der Entwicklung der Wellenfunktion nach einem vollständigen Satz orthonormaler Einelektronenfunktionen $\psi_i(1)$ (vgl. (77)).

Soll eine Funktion $\Psi(1,2)$ der Koordinaten (Ortskoordinaten x, y, z und Spinkoordinaten s) zweier Elektronen nach diesen ψ_i entwickelt werden, so betrachtet man zunächst die Koordinaten des Elektrons 2 als feste Parameter; die Entwicklungskoeffizienten $c_k = c_k(2)$ in Gl. (II—11) sind dann normierbare Funktionen dieser Koordinaten, die sich erneut bezüglich der Koordinaten des Elektrons 2 nach den ψ_i entwickeln lassen, so daß

$$\Psi(1,2) = \sum_{k=1}^{\infty} c_k(2)\psi_k(1) = \sum_k \sum_l c_{kl}\, \psi_k(1)\psi_l(2)$$

oder allgemein

$$\Psi(1,\dots N) = \sum_{k_1} \dots \sum_{k_N} c(k_1, \dots k_N)\, \psi_{k_1}(1) \dots \psi_{k_N}(N) \tag{6}$$

gilt. Nehmen wir an, $\Psi(1,\dots N)$ sei antisymmetrisch in den Koordinaten der Elektronen $1,\dots N$, so ergibt die Anwendung des Projektionsoperators[13] $(N!)^{-\frac{1}{2}}\mathscr{A}$ (vgl. Gl. (II-4))

$$\begin{aligned}\Psi(1,\dots N) &= (N!)^{-\frac{1}{2}}\mathscr{A}\,\Psi(1,\dots N)\\ &= (N!)^{-1}\sum_{k_1}\dots\sum_{k_N} c(k_1,\dots k_N)\sum_{\mathscr{P}}(-1)^p\,\mathscr{P}\,\psi_{k_1}(1)\dots\psi_{k_N}(N)\\ &= (N!)^{-1}\sum_{k_1}\dots\sum_{k_N} c(k_1,\dots k_N)\, det(\psi_{k_1}\dots\psi_{k_N}) \qquad (7)\\ &= \sum_{k_1<k_2\dots<k_N}\dots\sum c(k_1,\dots k_N)\, det(\psi_{k_1}\dots\psi_{k_N})\end{aligned}$$

[13] Ein Projektionsoperator ist ein Operator $\mathscr{O}$, für den $\mathscr{O}^2 f = \mathscr{O} f$ gilt.

Gl. (7) wird als Entwicklungssatz der Quantenmechanik bezeichnet und besagt:

Jede normierbare antisymmetrische Wellenfunktion kann als Summe von Slater-Determinanten dargestellt werden, die aus einem vollständigen Satz von Einelektronenfunktionen aufgebaut sind.

Jede Auswahl von N Elektronenindices $k_1 < k_2 \ldots < k_N$ wird eine geordnete Konfiguration K genannt, und die Funktion

$$\Psi_K(1, \ldots N) = (N!)^{-\frac{1}{2}} \, det(\psi_{k1} \ldots \psi_{k_N}) \tag{8}$$

ist die zu dieser Konfiguration gehörige normierte Slater-Determinante, die in der von *Boys* (*11*) vorgeschlagenen Nomenklatur als Detor bezeichnet wird.

Mit $C_K = (N!)^{\frac{1}{2}} \, c(k_1 \ldots k_N)$ kann Gl. (7) also in der Form

$$\Psi(1, \ldots N) = \sum_K C_K \, \Psi_K(1, \ldots N) \tag{9}$$

geschrieben werden.

$\Psi(1, \ldots N)$ wird als Polydetor bezeichnet. Die Koeffizienten C_K sind nach dem Variationsprinzip durch das Säkularproblem

$$\sum_L (H_{KL} - E\,\delta_{KL})\, C_L = 0 \tag{10}$$

gegeben, wobei

$$H_{KL} = \int \Psi_K^* \, \mathscr{H} \, \Psi_L \, d\tau \tag{11}$$

die Matrixelemente des Hamilton-Operators Gl. (II—2) bezüglich der Wellenfunktionen Gl. (8) sind, die sich nach den in Abschnitt II angegebenen Slater-Regeln auf Integrale über die Basisfunktionen ψ_i zurückführen lassen.

Dies im Prinzip einfache Verfahren zu exakten Wellenfunktionen zu gelangen weist jedoch in der praktischen Anwendung einige Schwierigkeiten auf. Bisher ist kein Verfahren bekannt, ein Säkularproblem unendlicher Ordnung exakt zu lösen. Man muß also notwendigerweise die Basis beschränken, wobei dann das Problem auftritt, den Effekt der nicht berücksichtigten Basisfunktionen auf die berechneten Größen abzuschätzen. Nach dem Variationsprinzip sind die mit der beschränkten Basis berechneten Energien immer obere Schranken für die wahren Energien. Ein wichtiges Problem ist daher die Ableitung von Beziehungen, die eine untere Schranke für die berechneten Energien abzuschätzen gestatten.

Doch selbst mit einer beschränkten Basis ist der Rechenaufwand noch sehr beachtlich. Ist die Anzahl der Basisfunktionen gleich $M > N$, so ist die Anzahl der möglichen Konfigurationen durch den Binomialkoeffizienten $\binom{M}{N}$ gegeben, und für die Anzahl der zu berechnenden Matrixelemente H_{KL} ergibt sich dann

$$\tfrac{1}{2}\binom{M}{N}^2 + \tfrac{1}{2}\binom{M}{N}$$

Ein Beispiel möge zeigen, wie schnell die Anzahl der möglichen Konfigurationen mit der Anzahl M der Basisfunktionen anwächst. Betrachten wir das HF-Molekül und verwenden wir eine minimale Basis von 6 AO's (F: $1s$, $2s$, $2p_x$, $2p_y$, $2p_z$; H: $1s$), so können daraus 6 MO's ϕ_i aufgebaut werden, die entweder mit einer α- oder einer β-Spinfunktion multipliziert werden können, so daß die Anzahl der Basisfunktionen ψ_i $M=12$ ist. Das Molekül enthält 8 Elektronen, es sind also $\binom{12}{8}=330$ Konfigurationen möglich und 54780 Matrixelemente H_{KL} zu berechnen. Wird die Basis der AO's um zwei Funktionen erweitert, so erweitert sich die Basis der Spin-MO's um vier Funktionen und die Anzahl der möglichen Konfigurationen beträgt $\binom{16}{8}=12870$, die Anzahl der zu berechnenden Matrixelemente 82824885.

Allerdings läßt sich das Säkularproblem durch Verwendung von Spineigenfunktionen (Codetoren) und durch Berücksichtigung der Symmetrie erheblich vereinfachen, da die Matrixelemente zwischen Funktionen verschiedener Multiplizität oder verschiedener Symmetrie verschwinden, so daß sich die Säkulardeterminante faktorisieren läßt. Im Falle des HF mit einer minimalen AO-Basis können aus den insgesamt 330 Konfigurationen 74 Codetoren für den Singulett-Zustand gebildet werden:

$$\begin{aligned}
&\text{(a)}\quad {}^1\Phi_0 = (1\bar{1}\ldots m\bar{m})\\
&\text{(b)}\quad {}^1\Phi_{i\to p'} = (2)^{-\frac{1}{2}}\,[(\ldots i\bar{p}'\ldots)+(\ldots p'\bar{i}\ldots)] = (2)^{-\frac{1}{2}}\,[(i\bar{p}')+(p\bar{i})]\\
&\text{(c)}\quad {}^1\Phi^{i\to p'}_{i\to p'} = (p'\bar{p}')\\
&\text{(d)}\quad {}^1\Phi^{i\to p'}_{i\to q'} = (2)^{-\frac{1}{2}}\,[(p'\bar{q}')+(q'\bar{p}')] \qquad\qquad (12)\\
&\text{(e)}\quad {}^1\Phi^{i\to p'}_{j\to p'} = (2)^{-\frac{1}{2}}\,[(i\bar{p}'p'\bar{j})+(p'\bar{i}j\bar{p}')]
\end{aligned}$$

$$\begin{aligned}
&\text{(f)}\\
&\text{(g)}
\end{aligned}\quad {}^1\Phi^{i\to p'}_{j\to q'} = \begin{cases}\tfrac{1}{2}\,[(i\bar{j}p'\bar{q}')+(j\bar{i}q'\bar{p}')+(j\bar{i}p'\bar{q}')+(i\bar{j}q'\bar{p}')]\\ (12)^{-\frac{1}{2}}\,[2\,(p'\bar{i}q\bar{j}')+2\,(i\bar{p}'j\bar{q}')+(i\bar{j}p'\bar{q}')+(j\bar{i}q'\bar{p}')\\ -(j\bar{i}p'\bar{q}')-(i\bar{j}q'\bar{p}')]\end{cases}$$

usw., wobei $m=\frac{N}{2}$ und $i, j \ldots \leqq m < p', q', \ldots$

Funktionen der Form (b) entsprechen „einfach angeregten Zuständen", da hier ein Elektron von einem in der Grundkonfiguration (a) besetzten MO ϕ_i in ein in der Grundkonfiguration unbesetzter Orbital $\phi_{p'}$ angeregt worden ist; die Funktionen (c) bis (g) gehören zu „doppelt angeregten Zuständen", und entsprechend können Codetoren angegeben werden, die zu dreifach und höher angeregten Zuständen gehören.

Aus den in Abschnitt II angegebenen Slater-Regeln folgt, daß alle Matrixelemente H_{KL} für Konfigurationen, die sich in mehr als zwei MO's unterscheiden, verschwinden. So treten also keine Wechselwirkungselemente zwischen der Grundkonfiguration und den drei- und mehrfach an geregten Konfigurationen auf. Sind die Basis MO's SCF-Funktionen, so sind auch alle Matrixelemente zwischen der Grundkonfiguration und den einfach angeregten Konfigurationen gleich Null (Brillouin's Theorem);

$$\int {}^1\Phi_0^* \mathscr{H} {}^1\Phi_{i\to k}\, d\tau = \sqrt{2}\,\{I_{ik} + \sum_{j=1}^{m} [2(jj|ik) - (ji|jk)]\}$$
$$= \int \phi_i^*(1)\,\mathscr{F}(1)\,\phi_k(1)\,d\tau_1 = 0$$

da die ϕ_i und ϕ_k Eigenfunktionen von $\mathscr{F}$ sind.

Mit Hilfe von Brillouin's Theorem können die SCF-Funktionen also auch als diejenigen MO's definiert werden, für welche die Konfigurationswechselwirkung zwischen der Grundkonfiguration und den einfach angeregten Konfigurationen verschwindet [14,15].

Der Effekt einer begrenzten Konfigurationswechselwirkung sei wieder am Beispiel des HF-Moleküls (*57*) demonstriert (Abb. 4). Insgesamt wurden in dieser Rechnung 7 Konfigurationen (Grundkonfiguration, 2 einfach, 2 doppelt, eine dreifach und eine vierfach angeregte Konfiguration) berücksichtigt. Für den Gleichgewichtsabstand beträgt die Verbesserung der Energie nur 0,5 eV (oder 0,02% der Gesamtenergie), doch genügen die 7 Konfigurationen, um für großen Kernabstand das richtige Verhalten der Potentialkurve, d.h. die Dissoziation in neutrale Atome zu erzielen, während die Eindeterminantenfunktion mit doppelt besetzten MO's eine Dissoziation in F^- und H^+ liefert. Der geringen Änderung der Energie bei Berücksichtigung der CI steht eine erhebliche Verbesserung des Dipolmomentes von 1,988 auf 1,835 D (exp. 1,818 D) gegenüber.

---

[14] Da die Matrixelemente zwischen der Grundkonfiguration und den doppelt angeregten Konfigurationen einerseits und zwischen den einfach und den doppelt angeregten Konfigurationen andererseits nicht verschwinden, tritt auf diesem indirekten Wege auch eine Mischung zwischen Grundkonfiguration und einfach angeregten Konfigurationen auf.

[15] Brillouin's Theorem gilt in der angegebenen Form nicht für beschränkte SCF-Funktionen von Systemen mit offenen Schalen.

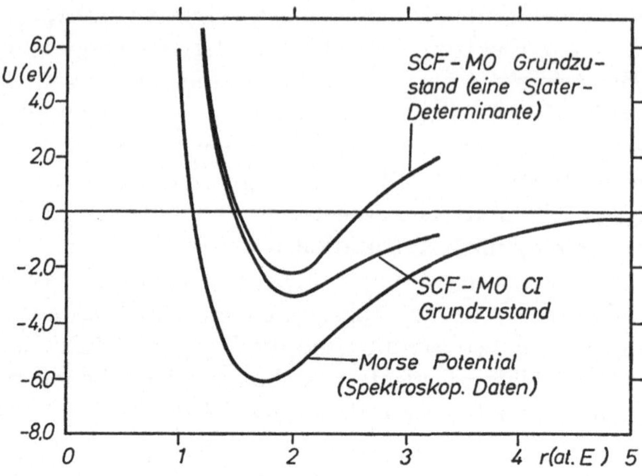

Abb. 4. Potentialkurven für HF (nach (*57*))

Beispiele, bei denen die Konfigurationswechselwirkung so weitgehend berücksichtigt wurde, daß die Korrelationsenergie im wesentlichen erfaßt wurde, sind nur für Atome bekannt, z.B. für das He (*105*) (20 Konfigurationen, 97,4% der Korrelationsenergie) oder das Be (*135*) (37 Konfigurationen, 89,3% der Korrelationsenergie). Das N_2-Molekül bildet ein Beispiel für eine umfassende Berücksichtigung der CI bei Molekülen (*41*). Mit 14 STO's mit teilweise optimalisierten Orbitalexponenten an jedem Atom wurde eine Hartree-Fock-Energie $E_{HF} = -108{,}98488$ at. E. für den Kernabstand $R = 2{,}0675$ at. E. erhalten. Durch CI mit doppelt angeregten Konfigurationen konnte eine Verbesserung der Energie um $\Delta E = -0{,}238415$ at. E. (101 Konfigurationen) bzw. $\Delta E = -0{,}27686$ at. E. (201 Konfigurationen) erzielt werden, das entspricht 43% bzw. 50% der Korrelationsenergie. Näherungsweise Berücksichtigung von 3043 doppelt angeregten Konfigurationen mit Hilfe einer Störungsentwicklung liefert etwa 66% der Korrelationsenergie.

2. Natürliche Orbitale

Durch Konfigurationswechselwirkung kann mit Hilfe einer vollständigen Basis die exakte Wellenfunktion im Prinzip berechnet werden, doch ist die Konvergenz der Entwicklung Gl. (9), wie das Beispiel des N_2-Moleküls zeigt, im allgemeinen wenig zufriedenstellend. *Löwdin* (*73*) hat gezeigt, daß die beste Konvergenz erzielt wird, wenn als Basisfunktionen die „natürlichen Spin-Orbitale" (NSO's) χ_i verwendet werden, d.h. diejenigen Orbitale, für welche die Dichtematrix 1. Ordnung Diagonalgestalt besitzt.

Die Dichtematrix 1. Ordnung eines Systems, dessen Wellenfunktion nach den Basisfunktionen ψ_k entwickelt wird, ist durch

$$\begin{aligned}\varrho(1,1') &= N \int \Psi(1,2,\ldots N)\, \Psi^*(1',2\ldots N)\, d\tau_2 \ldots d\tau_N \\ &= \sum_k \sum_l \psi_k(1)\, P_{kl}\, \psi_l^*(1')\end{aligned} \tag{13}$$

gegeben.

Nach Gl. (9) gilt für die Diagonalelemente P_{kk} der Matrix P

$$P_{kk} = \sum_K^{(k)} |C_K|^2, \tag{14}$$

wobei die Summation über alle diejenigen Konfigurationen K läuft, die das Spinorbital ψ_k enthalten. P_{kk} ist also eine Besetzungszahl dieses Orbitals.

Da $\boldsymbol{P}$ hermitesch ist, läßt es sich durch eine unitäre Transformation $\boldsymbol{U}$ auf Diagonalgestalt bringen:

$$\boldsymbol{U}^+ \boldsymbol{P} \boldsymbol{U} = \boldsymbol{n} = \text{Diagonalmatrix}$$

Die Transformation $\boldsymbol{U}$ überführt die ψ_k in die NSO's χ_i

$$\chi_i = \sum_k \psi_k U_{ki}, \tag{15}$$

so daß

$$\varrho(1,1') = \sum_k n_k\, \chi_k(1)\, \chi_k^*(1') \tag{13a}$$

ist.

Entsprechend der Gl. (14) gilt für die n_k

---

16 Eine Slater-Determinante $\Psi_K(1,\ldots N) = (\psi_{k_1}\ldots\psi_{k_N})$ wird durch die Transformation Gl. (15) in eine Linearkombination von Slater-Determinanten $X_L(1,\ldots N) = (\chi_{l_1}\ldots\chi_{l_N})$ überführt: $\Psi_K = \sum_L A_{KL} X_L$. Die A_{KL} ergeben sich zu

$$A_{KL} = \begin{vmatrix} U^+_{l_1 k_1} \ldots U^+_{l_1 k_N} \\ \\ U^+_{l_N k_1} \ldots U^+_{l_N k_N} \end{vmatrix},$$

wobei die $U^+_{l_i k_j}$-Elemente der Matrix $\boldsymbol{U}^+$ sind. Damit ergibt sich für die Koeffizienten B_K der natürlichen Entwicklung $\Psi(1,\ldots N) = \sum_L B_L X_L(1,\ldots N)$

$$B_L = \sum_K A_{KL} C_K$$

$$n_k = \sum_K^{(k)} |B_K|^2, \tag{16}$$

wobei die B_K die Koeffizienten der Gl. (9) entsprechenden „natürlichen Entwicklung" mit NSO's als Basisfunktionen sind[16]. Da für eine hermitesche Matrix die Summe der r größten Eigenwerte immer größer oder höchstens gleich der Summe von r beliebigen Diagonalelementen ist, gilt

$$\sum_{k=1}^{r} n_k \geqq \sum_{k=(1)}^{(r)} P_{kk},$$

wobei die Summe $k = (1) \ldots (r)$ andeuten soll, daß über r beliebige Indices k summiert werden kann. Mit Hilfe von Gl. (14) und Gl. (16) folgt daher

$$\sum_{k=1}^{r} \sum_K^{(k)} |B_K|^2 \geqq \sum_{k=(1)}^{(r)} \sum_K^{(k)} |C_K|^2, \tag{17}$$

d.h. die natürliche Entwicklung konvergiert schneller als jede andere Entwicklung, da der Beitrag der ersten r Terme stets größer oder höchstens gleich demjenigen von r beliebigen Termen einer anderen Entwicklung ist.

Shull und *Löwdin* (*128*) haben die NSO's von Zwei-Elektronensystemen untersucht, die insofern besonders einfach sind, als hier eine Trennung der Orts- und Spinkoordinaten immer möglich ist. Tabelle 7 gibt die Besetzungszahlen der ersten NSO's für den ^1S-Grundzustand des He-Atoms; die Ergebnisse zeigen, daß die Coulomb-Abstoßung die abgeschlossene $(1s)^2$-Schale aufbricht, so daß es energetisch günstiger ist,

Tabelle 7. *Besetzungszahlen n_k der ersten NSO's im ^1S-Grundzustand des He-Atoms (nach (77))*

Typ	k	n_k	Teilsumme
s	1	0,991863	
	2	0,003849	
	3	0,000054	
	4	0,000005	0,995771
p	1	0,003896	
	2	0,000136	
	3	0,000004	0,004036
d	1	0,000180	
	2	0,000004	0,000184
f	1	0,000009	0,000009
		Summe	1,000000

wenn ein geringer Anteil (0,8137%) der Elektronen in höhere Orbitale angeregt ist. Das erste NSO χ_1 ist der gewöhnlichen SCF-Funktion sehr ähnlich, was auch aus dem Vergleich der Energie der Wellenfunktion $(\chi_1)^2$ mit der HF-Energie hervorgeht:

$$E(\chi_1)^2: -2{,}861530 \text{ at. E.}$$

$$E_{SCF} : -2{,}861673 \text{ at. E.}$$

Die Verwendung der NSO's vereinfacht die Gesamtwellenfunktion sehr. Eine beschränkte Basis von 6 *s*-Orbitalen ergibt in einer Wellenfunktion mit 21 Konfigurationen die Energie $-2{,}878962$ at. E., den gleichen Wert erhält man mit einer NSO-Wellenfunktion von 6 Termen, während eine 4-Term-Funktion $E = -2{,}878928$ at. E. ergibt. Die in der Tabelle 7 angegebenen Werte wurden mit Hilfe einer Basis von vier *s*-, drei *p*-, zwei *d*- und einer *f*-Funktion berechnet. Die entsprechende 20-Term-Funktion ergibt die Energie $-2{,}901231$ at. E., den gleichen Wert erhält man bei einer NSO-Basis mit einer 10-Term-Funktion.

Barnett, Linderberg und *Shull* (*6*) haben die NSO's für eine Reihe von Vierelektronensystemen bestimmt und fanden, daß hier im Gegensatz zu den Zwei-Elektronensystemen keine Reduktion der Anzahl der Konfigurationen in der natürlichen Entwicklung auftritt, sondern daß jede mögliche Konfiguration auch in der natürlichen Entwicklung auftritt.

Kutzelnigg (*69*) hat für den Zweielektronenfall ein System von Integrodifferentialgleichungen abgeleitet, die eine direkte Bestimmung der NSO's erlauben. Rechnung am He und den He-ähnlichen Ionen (*1*) sowie am H_2-Molekül (*2*) führen zu sehr guten Ergebnissen.

3. Lokalisierte Orbitale

Die Forderung, daß die Energie für eine Eindeterminanten-Wellenfunktion ein Minimum annimmt (vgl. Gl. (II-17)), bestimmt die SCF-Orbitale nicht eindeutig, denn eine orthogonale Transformation $\boldsymbol{U}$ mit $\boldsymbol{U}\boldsymbol{U}^+ = 1$ läßt die Dichtematrix invariant, d.h. für $\bar{\boldsymbol{T}} = \boldsymbol{T}\boldsymbol{U}$ ist $\bar{\boldsymbol{R}} = \bar{\boldsymbol{T}}\bar{\boldsymbol{T}}^+ = \boldsymbol{T}\boldsymbol{U}\boldsymbol{U}^+\boldsymbol{T}^+ = \boldsymbol{T}\boldsymbol{T}^+ = \boldsymbol{R}$, so daß nach Gl. (II-15) auch die Energie gegenüber einer solchen Transformation invariant ist. Die Matrix $\boldsymbol{U}$ besitzt $N(N-1)/2$ Außerdiagonal-Elemente, das bedeutet, $N(N-1)/2$ Nebenbedingungen sind erforderlich, um die Orbitale eindeutig festzulegen. In Gl. (II-23) und den entsprechenden SCF-Gleichungen für Systeme mit offenen Schalen wurde angenommen, daß die Matrix $\boldsymbol{\varepsilon} = \boldsymbol{T}^+\boldsymbol{F}\boldsymbol{T}$ Diagonalgestalt besitzt, d.h. daß die $N(N-1)/2$ Außerdiagonalelemente ε_{ij} gleich Null sind.

Diese Nebenbedingungen definieren eindeutig die sogenannten „kanonischen SCF-Orbitale", die delokalisierte Symmetrie-Orbitale sind.

Die kanonischen Orbitale zeichnen sich vor anderen Orbitalen mit dem gleich Energieerwartungswert nur dadurch aus, daß sie die SCF-Gleichungen in eine für die numerische Rechnung besonders günstige Form bringen. Durch die Definition von Orbitalenergien ε_i sind sie für die Beschreibung von spektralen Übergängen und Ionisationspotentialen besonders geeignet.

Für die Analyse der Eigenschaften eines bestimmten Zustandes sind jedoch in vielen Fällen Orbitale vorzuziehen, welche innere Schalen, einsame Elektronenpaare und lokalisierte Zweielektronen-Bindungen explizit beschreiben, und welche die chemische Erfahrung zum Ausdruck bringen, daß die Eigenschaften gleicher chemischer Gruppen, wie etwa der Methylgruppe, in verschiedenen Molekülen meist sehr ähnlich sind. Auch gibt es eine Reihe von Konzepten in der Chemie (Bindungsenergien, Bindungsmomente usw.), die eine Interpretation der Elektronenstruktur eines Moleküls durch lokalisierte Orbitale nahelegen.

Es sind verschiedene Methoden vorgeschlagen worden, um aus den kanonischen MO's solche lokalisierten MO's zu konstruieren, wie die äquivalenten Orbitale von *Lennard-Jones* und *Pople* (*72*) und die „exclusive orbitals" von *Boys* (*10*).

Edmiston und *Ruedenberg* (*35, 36*) haben eine Methode entwickelt und angewendet zur Bestimmung „energielokalisierter Orbitale" (LMO's), die definiert sind als diejenigen MO's, welche die Summe der Eigenabstoßungen $\sum_i J_{ii}$ zu einem Maximum und die Summe der interorbitalen Abstoßungen $\sum\sum_{i \neq j} J_{ij}$ und der Austauschenergien $\sum\sum_{i \neq j} K_{ij}$ zu einem Minimum machen.

Diese Forderungen sind äquivalent den $\frac{1}{2} N(N-1)$-Bedingungen

$$(\phi_i \phi_j \mid \phi_i \phi_i) = (\phi_i \phi_j \mid \phi_j \phi_j),$$

so daß die LMO's im Gegensatz zu den äquivalenten MO's auch dann ohne willkürliche Zusatzannahmen eindeutig bestimmt sind, wenn das Molekül nicht hochsymmetrisch ist.

Wie *Lennard-Jones* und *Pople* (*72*) gezeigt haben, führt diese Lokalisierung zu einer möglichst weitgehenden Annäherung an das elektrostatische Modell eines Moleküls, d.h. an ein Modell, in welchem die Elektronen unterscheidbar sind und bestimmte Orbitale besetzen (lokalisierte chemische Bindungen und einsame Elektronenpaare usw.) und nur durch eine Coulomb-Abstoßung der Orbital-Ladungswolken miteinander in Wechselwirkung treten. Ein solches Modell wird durch eine Produkt-Wellenfunktion (Hartree-Produkt) beschrieben.

Lokalisierte Orbitale sind im Rahmen der Theorie der Elektronenkorrelation insofern von großem Interesse, als zu erwarten ist, daß die Korrelationsenergie zwischen Elektronen, die in verschiedenen Teilen eines Systems lokalisiert sind, vernachlässigbar klein wird.

Im Idealfall wäre dann die gesamte Korrelationsenergie eine Summe von Paarkorrelationen für jedes doppelt besetzte lokalisierte Orbital, und da die lokalisierten Orbitale weitgehend von ihrer Umgebung unabhängig und daher von System zu System transferierbar sind, sollten dann auch die Paarkorrelationsenergien transferierbar sein.

Eine Methode, welche die Lokalisierung von Elektronengruppen schon beim Aufbau der Wellenfunktion berücksichtigt, geht auf einen Vorschlag von *Hurley*, *Lennard-Jones* und *Pople* (*53*) zurück und wurde vor allem von *McWeeny* (*89*) zur Methode der verallgemeinerten Produktfunktionen oder Gruppen-Funktionen (GF) ausgebaut. Unter einer verallgemeinerten Produktfunktion versteht man ein antisymmetrisiertes Produkt von Gruppenfunktionen

$$\Psi_K(1,2,\ldots N) = M\mathscr{A}\left[\Phi_{Aa}(1,\ldots N_A)\,\Phi_{Bb}(N_A+1,\ldots N_A+N_B)\ldots\right], \quad (18)$$

(oder allgemeiner eine Linearkombination verschiedener Konfigurationen $K = Aa, Bb\ldots$), wobei $\mathscr{A}$ die Antisymmetrisierung bezüglich der Elektronen verschiedener Gruppen angibt. $\Phi_{Rr}(1,\ldots N_R)$ ist selbst eine antisymmetrische Funktion der N_R-Elektronen der Gruppe R im Zustand r.

Für die Gruppenfunktionen wird im allgemeinen die starke Orthogonalität

$$\int \Phi^*_{Rr}(1,i,j\ldots)\,\Phi_{Ss}(1,k,l\ldots)\,d\tau_1 = 0 \qquad (R \neq S \text{ oder } r \neq s) \quad (19)$$

angenommen, die zur Folge hat, daß jedes Φ_{Rr} durch eine Linearkombination von Slater-Determinanten

$$\Phi_{Rr} = \sum_\mu C_\mu^{(Rr)}\,\phi_\mu^R \quad (20)$$

ausgedrückt werden kann, die aus einem orthonormalen Satz von Basisfunktionen $r_1, r_2, \ldots s_1, s_2, \ldots$ derart aufgebaut sind, daß jede Basisfunktion nur in den Funktionen einer Gruppe auftritt (*78*).

Definiert man einen Hamilton-Operator $\mathscr{H}^R(1,\ldots N_R)$ für die Gruppe R durch

$$\mathscr{H}^R(1,\ldots N_R) = \sum_{i=1}^{N_R} h(i) + \tfrac{1}{2}\sum_{i,j=1}^{N_R}\frac{1}{r_{ij}}, \quad (21)$$

so ist die Elektronenenergie der Funktion Gl. (18) ($K = o$) durch

$$E_0 = \sum_R H^{RR} + \tfrac{1}{2} \sum_{R \neq S} \sum (J^{RS'} - K^{RS'}) \tag{22}$$

gegeben, wobei $H^{RR} = \int \Phi_R^* \mathscr{H}^R \Phi_R \, d\tau_R$ ist und

$$J^{RS'} = \int \Phi_R^* \Phi_S^* \sum_{i=1}^{N_R} \sum_{j=N_R+1}^{N_S} \frac{1}{r_{ij}} \Phi_R \Phi_S \, dv_R \, dv_S \text{ und}$$

$$K^{RS'} = \int \Phi_R^* \Phi_S^* \sum_{i=1}^{N_R} \sum_{j=N_R+1}^{N_S} \frac{1}{r_{ij}} \mathscr{P}_{ij} \Phi_R \Phi_S \, dv_R \, dv_S$$ die Coulomb- und Austauschintegrale (ohne Integration über die Spinvariablen) zwischen den Gruppenfunktionen Φ_R und Φ_S darstellen ($\mathscr{P}_{ij}$ in K^{RS} bewirkt eine Vertauschung der Koordinaten des Elektrons i und j in Φ_R und Φ_S).

Durch Einführung eines effektiven Hamilton-Operators $\mathscr{H}_{\text{eff}}^R (1, \ldots N_R)$ für die Gruppe R im Feld der Elektronen der übrigen Gruppen

$$\mathscr{H}_{\text{eff}}^R (1, \ldots N_R) = \sum_{i=1}^{N_R} h_{\text{eff}}(i) + \tfrac{1}{2} \sum_{i,j=1}^{N_R}{}' \frac{1}{r_{ij}}$$

mit (23)

$$h_{\text{eff}}(i) = h(i) + \sum_{S(\neq R)} [\mathscr{J}^S(i) - \mathscr{K}^S(i)]$$

kann man eine SCF-Lösung für die Grundkonfiguration ($K = o$) durch die Bedingung

$$\int \Phi_R^* \mathscr{H}_{\text{eff}}^R \Phi_R \, d\tau_R \,/ \int \Phi_R^* \Phi_R \, d\tau_R = \text{stationär} \tag{24}$$

definieren. $\mathscr{J}^S(i)$ und $\mathscr{K}^S(i)$ in Gl. (23) sind die der Gl. (22) entsprechenden Coulomb- und Austausch-Operatoren, d.h.

$$J^{RS'} = \int \Phi_R^* \sum_{i=N_R+1}^{N_R+N_S} \mathscr{J}^S(i) \, \Phi_R \, dv_R \quad \text{und} \quad K^{RS'} = \int \Phi_R^* \sum_{i=N_R+1}^{N_R+N_S} \mathscr{K}^S(i) \, \Phi_R \, dv_R$$

Die Gesamtelektronenenergie ist dann durch

$$E_0 = \sum_R (H_{\text{eff}}^R)_{RR} - \tfrac{1}{2} \sum_{R(\neq S)} (J^{RS'} - K^{RS'}) \tag{25}$$

gegeben.

Ein wichtiger Punkt in der Ableitung der angegebenen Formeln ist die starke Orthogonalitätsforderung Gl. (19); sie ist im wesentlichen eine mathematische Formulierung der Individualität der einzelnen Gruppen; denn für nicht-orthogonale Gruppenfunktionen würde jede Gruppe Teile aller anderen Gruppen enthalten, so daß (abgesehen von der durch die Nicht-Orthogonalität auftretenden mathematischen Komplizierung) das einfache Bild lokalisierter Gruppen von Elektronen zerstört würde. Die physikalische Individualität der inneren Schalen, Bindungen, einsamen Elektronenpaare usw. legt nahe, daß die Forderung der starken Orthogonalität in vielen Fällen sinnvoll ist. Dies wird auch durch Rechnungen am Be-Atom mit orthogonalen und nicht-orthogonalen Gruppenfunktionen (*91*) sowie durch eine Analyse der von *Watson* (*135*) berechneten CI-Funktion für das Be-Atom bestätigt (*70*). Eine Bestimmung der optimalen Basisfunktionen ergibt eine Produktwellenfunktion für das Be, mit der etwa 90% der Korrelationsenergie erfaßt wird (*93*).

Der einfachste Weg, die Forderung der starken Orthogonalität zu erfüllen, besteht in der Verwendung einer orthonormalen Basis von Einelektronenfunktionen, wie man sie etwa durch Löwdin-Orthogonalisierung (*76*) aus einer Basis von Atom- oder Hybridorbitalen erhält:

$$(\bar{a}_1, \bar{a}_2, \ldots, \bar{r}_1, \bar{r}_2, \ldots) = (a_1, a_2, \ldots, r_1, r_2, \ldots.)\, \boldsymbol{S}^{-\frac{1}{2}} \tag{26}$$

wobei $\boldsymbol{S}$ die Überlappungsmatrix der nicht-orthogonalen Basisfunktionen $(a_1, a_2 \ldots)$ ist. (Die Löwdin-Orthogonalisierung zeichnet sich dadurch aus, daß die quadratische Abweichung zwischen den orthogonalen und den ursprünglichen Orbitalen ein Minimum annimmt (*15*).)

Verwendet man als Gruppenfunktionen jeweils Paarfunktionen $\Phi_R(1,2)$ (Geminale), so spricht man von der Methode der getrennten Elektronenpaare. Werden zwei Basisfunktionen $\bar{r}_1$ und $\bar{r}_2$ zum Aufbau einer jeden Paarfunktion verwendet, und wird die Konfigurationswechselwirkung innerhalb jeder Gruppe voll berücksichtigt, so ergibt sich für die Matrixelemente von $h^R_{\text{eff}}(i)$

$$(h^R_{\text{eff}})_{r_i r_j} = (h^R)_{r_i r_j} + \sum_{S(\neq R)} \{I^{RS}(r_i r_j) + X_S I^{RS}_X(r_i r_j) + Y_S I^{RS}_Y(r_i r_j)\}$$

mit

$$I^{RS}(r_i r_j) = (r_i r_j | s_1 s_1) + (r_i r_j | s_2 s_2) - \tfrac{1}{2}(r_i s_1 | r_j s_1) - \tfrac{1}{2}(r_i s_2 | r_j s_2) \tag{27}$$

$$I^{RS}_X(r_i r_j) = 2(r_i r_j | s_1 s_2) - \tfrac{1}{2}(r_i s_1 | r_j s_2) - \tfrac{1}{2}(r_i s_2 | r_j s_1)$$

$$I^{RS}_Y(r_i r_j) = (r_i r_j | s_1 s_1) - (r_i r_j | s_2 s_2) - \tfrac{1}{2}(r_i s_1 | r_j s_2) + \tfrac{1}{2}(r_i s_2 | r_j s_2)$$

Die Größen X_S und Y_S besitzen die anschauliche Bedeutung einer Bindungsordnung der Gruppe S bzw. eines Polaritätsparameters, der ein Maß für die in der Gruppe S von s_2 nach s_1 verschobene Ladung ist (*62*).

In dieser Näherung wurden eine Reihe von Molekülen berechnet, die Ergebnisse sind sehr zufriedenstellend. So wurde z.B. für das Methan eine Gesamtenergie erhalten, die um etwa 1 eV unter dem mit der gleichen Basis erhaltenen SCF-Wert liegt (*62*).

Die Bestimmung der optimalen Aufteilung der Basisorbitale auf die einzelnen Gruppenfunktionen kann durch Variation geeigneter Parameter nach dem Variationsprinzip bestimmt werden, da die Gesamtenergie E_0 nicht invariant gegenüber dieser Aufteilung ist. Auf diese Weise ergibt sich erstmals ein Energiekriterium für die Bestimmung der optimalen Hybridisierung (*58*). Explizite Rechnungen am H_2O-Molekül ergeben eine gute Übereinstimmung zwischen der Bindungsrichtung und der Richtung der Valenzorbitale (Bindungswinkel $\alpha = 105°$, Winkel zwischen den Valenzorbitalen $\vartheta = 103°$), während Rechnungen an N_2 und CO zeigen (*61*), daß für Mehrfachbindungen die Beschreibung durch σ und π-Bindungen der Beschreibung durch äquivalente „Bananen"-Bindungen, wie sie z.B. von *Pauling* verwendet wird, vorzuziehen ist. Diese Ergebnisse legen nahe, daß zur Beschreibung offenkettiger Moleküle „gebogene Bindungen" nicht erforderlich sind.

Bei allen GF-Rechnungen ist es wichtig, die Orbitale der inneren Schalen unverändert zu lassen, in dem man die Orthogonalisierung gegenüber den Valenzorbitalen nach dem Schmidt'schen Verfahren vornimmt. Eine Mischung der Valenzorbitale mit den Orbitalen der inneren Schalen führt zu einer Erhöhung der Polarität der Bindung, der damit verknüpfte Gewinn an Bindungsenergie kompensiert nicht den Verlust der Energie der inneren Schalen. So führen die nach dem Kriterium der Minimalisierung der Austauschenergie bestimmten Orbitale der inneren Schalen im Falle des H_2O zu einer weniger guten Gesamtenergie als die durch Schmidt-Orthogonalisierung gewonnenen (*58*).

Auch im Falle der Dreifach-Bindung im N_2 und CO weichen die optimalen GF's von den LMO's von Ruedenberg ab, die hier drei äquivalenten gebogenen Bindungen entsprechen (*36*), wenn auch der % s-Charakter der einsamen Elektronenpaare in beiden Rechnungen qualitativ übereinstimmt (Tabelle 8).

Da die optimalen GF-Funktionen unter Berücksichtigung der vollen CI innerhalb jeder Gruppe bestimmt wurden, scheinen diese lokalisierten Orbitale der Berücksichtigung der Paarkorrelation für einzelne Bindungen und abgeschlossene Schalen besser angepaßt zu sein als die Ruedenberg'schen LMO's.

Durch Verwendung einer größeren Anzahl von Basisfunktionen kann

Tabelle 8. *% s-Charakter des einsamen Elektronenpaares in N_2 und CO, nach GF- und LMO-Rechnungen* (*61, 36*)

	% *s* (LMO)	% *s* (GF)
N in N_2	75	65
C in CO	79	74
C in CO	60	57

die Wellenfunktion jeder einzelnen Gruppe beliebig verbessert und so die Paarkorrelation innerhalb jeder Gruppe berücksichtigt werden.

Ist die Korrelationsenergie zwischen verschiedenen Paaren klein, so sollte auf diese Weise der Hauptanteil der Korrelationsenergie eines Systems erfaßt werden können. Die oben erwähnten Ergebnisse der Rechnungen am Be-Atom lassen dieses Verfahren als sehr aussichtsreich erscheinen.

Zudem besteht Hoffnung, durch Einführung ähnlicher Vereinfachungen wie bei den π-Elektronentheorien im Rahmen der Methode der getrennten Elektronenpaare ein semiempirisches Verfahren zur Berechnung des σ-Gerüstes großer Moleküle zu entwickeln. Orientierende Rechnungen in dieser Richtung sind außerordentlich erfolgversprechend (*62*)

4. Die Theorie paarkorrelierter Wellenfunktionen

Geht man von der Hartree-Fock-Wellenfunktion $\Phi_0(1, \ldots N)$ für den Grundzustand eines Systems mit einer geraden Anzahl Elektronen aus, so ist die exakte Wellenfunktion durch

$$\Psi = \Phi_0 + \chi, \quad \int \Phi_0^* \chi \, d\tau = 0 \quad \text{und} \quad \int |\Psi|^2 d\tau = 1 + \int |\chi|^2 d\tau \tag{28}$$

gegeben. Die exakte Gesamtelektronenenergie ist dann

$$E = \int \Psi^* \mathcal{H} \Psi \, d\tau \,/ \int |\Psi|^2 d\tau = E_{\mathrm{HF}} + \int \Psi^* (\mathcal{H} - E_{\mathrm{HF}}) \Psi \, d\tau \,/ \int |\Psi|^2 d\tau$$

$$= E_{\mathrm{HF}} + \frac{2 \int \Phi_0^* (\mathcal{H} - E_{\mathrm{HF}}) \chi \, d\tau + \int \chi^* (\mathcal{H} - E_{\mathrm{HF}}) \chi \, d\tau}{1 + \int |\chi|^2 d\tau}$$

Durch Einführung eines Fluktuationspotentials (*129*)

$$m_{ij} = \frac{1}{r_{ij}} + J'_{ij} - K'_{ij} - \mathcal{G}'_i(j) - \mathcal{G}'_j(i), \tag{29}$$

wobei J'_{ij} und K'_{ij} durch Gl. (II-9) gegeben sind und $\mathscr{G}_i(j)$ der auf das Elektron j wirkende Coulomb-Austausch-Operator des Spinorbitals i ist (vgl. Gl. (3)), und durch Einführung des Operators

$$e_i(1) = \mathscr{F}(1) - \varepsilon_i, \tag{30}$$

wobei $\mathscr{F}(i)$ der Hartree-Fock-Operator und ε_i sein i-ter-Eigenwert (Orbitalenergie) ist, wird

$$(\mathscr{H} - E_{\mathrm{HF}}) = \sum_{i=1}^{N} e_i + \sum_{i<j}\sum m_{ij}$$

Damit läßt sich die Korrelationsenergie E_{Korr} in der Form

$$E_{\mathrm{Korr}} = E - E_{\mathrm{HF}} = \frac{2\int \Phi_0^* \sum_{i<j} m_{ij}\,\chi\, d\tau + \int \chi^* \left(\sum_i e_i + \sum_{i<j}\sum m_{ij}\right)\chi\, d\tau}{1 + \int |\chi|^2\, d\tau} \tag{31}$$

schreiben. Das Fluktuationspotential m_{ij} ist die Differenz zwischen dem tatsächlichen und dem mittleren Coulomb-Potential und ist folglich von geringer Reichweite.

Der Korrelationsanteil χ der Wellenfunktion kann in der Form

$$\chi = \mathscr{A}\left[\{12\ldots N\}\left(\sum_{i=1}^{N} \frac{\hat{f}_i}{\{i\}} + (2!)^{-\frac{1}{2}} \sum_{i<j} \frac{\hat{U}_{ij}}{\{ij\}} + (3!)^{-\frac{1}{2}} \sum_{i<j<k} \frac{\hat{U}_{ijk}}{\{ijk\}} + \cdots + (N!)^{-\frac{1}{2}} \frac{\hat{U}_{1,2\ldots N}}{\{12\ldots N\}}\right)\right] \tag{32}$$

angesetzt werden, wobei $\{ij\ldots\}$ ein Produkt der Spinorbitale $\psi_i\,\psi_j\ldots$ darstellt und $\mathscr{A}$ der Antisymmetrisier-Operator ist (*129*). In der Sprache der CI entsprechen die einzelnen Terme in Gl. (32) der Gesamtheit aller einfach-, doppelt- usw. bis N-fach angeregten Zustände, die bei der Entwicklung der exakten Wellenfunktion nach einer vollständigen Basis auftreten. Die $\hat{f}_i$, $\hat{U}_{ij}$, $\hat{U}_{ijk}\ldots$ sind Funktionen der Koordinaten von 1, 2, 3 ... Elektronen, die orthogonal zu den besetzten Spinorbitalen ψ_i und antisymmetrische bezüglich der Vertauschung der Koordinaten zweier Elektronen sind.

Der Effekt der Terme $\hat{f}_i$ auf die Energie ist vernachlässigbar klein (vgl. Brillouin's Theorem), in der störungstheoretischen Entwicklung liefern sie erst in 3. Ordnung einen Beitrag zur Energie. Folglich ist in guter Näherung

$$\hat{f}_i \approx 0$$

Die Funktionen $\hat{U}_{ij}$, $\hat{U}_{ijk}$ ... können durch eine sogenannte Cluster-Entwicklung in Summen zerlegt werden, die Produkte aller früheren Funktionen und eine neue Funktion enthalten:

$$\begin{aligned} \hat{U}_{ij} &= \mathscr{A}_2(\hat{f}_i \hat{f}_j) + \hat{u}_{ij} \\ \hat{U}_{ijk} &= \mathscr{A}_3(\hat{f}_i \hat{f}_j \hat{f}_k + \hat{f}_i \hat{u}_{jk} / \sqrt{2} + \cdots) + \hat{u}_{ijk} \end{aligned} \tag{33}$$

Alle Terme außer dem letzten werden als „unlinked cluster" von 2, 3, ... Elektronen bezeichnet, jeweils der letzte Term stellt einen „linked cluster" dar.

Von besonderer Bedeutung sind die „linked cluster" $\hat{u}_{ij}$ für zwei Elektronen, denn die „linked cluster" $\hat{u}_{ijk}$ ... für mehr als zwei Elektronen sind infolge der kurzen Reichweite des Fluktuationspotentials vernachlässigbar klein, so daß in guter Näherung Gl. (32) durch Elektronen-Paar-Funktionen allein ausgedrückt werden kann (*129*):

$$\chi' = \mathscr{A}\left(\{12\ldots N\}\frac{1}{\sqrt{2}}\sum_{i<j}\frac{\hat{u}_{ij}}{\{ij\}} + \frac{1}{2}\sum_{i<j}\sum_{k<l}\frac{\hat{u}_{ij}\,\hat{u}_{kl}}{\{ij\}\,\{kl\}} + \cdots\right) \tag{34}$$

Verwendet man dies χ' zur Bestimmung der Korrelationsenergie mit Hilfe des Variationsprinzips, so ergibt sich

$$E_{\mathrm{Korr}} = E - E_{\mathrm{HF}} \leqq \sum_{i<j}^{N} \tilde{\varepsilon}'_{ij} + \mathcal{O}(0{,}01 - 1\ \mathrm{eV}), \tag{35}$$

wobei die Paar-Korrelationen durch die Beziehung

$$\tilde{\varepsilon}'_{ij} = \tilde{\varepsilon}_{ij} / (1 + \int |\hat{u}_{ij}|^2 \, d\tau)$$

und

$$\tilde{\varepsilon}_{ij} = 2 \int \mathscr{A}_2\{ij\}^* m_{ij}\, \hat{u}_{ij}\, d\tau + \int \hat{u}^*_{ij} (e_i + e_j + m_{ij})\, \hat{u}_{ij}\, d\tau \tag{36}$$

gegeben sind, und der Restterm $\mathcal{O}$ (0,01 – 1 eV) von den Drei- und Vier-Elektronenclustern herrührt.

Auf diese Weise ist die Gesamtkorrelationsenergie zu einer Summe von Paarkorrelationsenergie reduziert worden, die ihrerseits durch die Lösung eines Zweielektronen-Problems berechnet werden können. Durch Anwendung der Störungsrechnung 2. Ordnung (*129*) erhält man für die $\hat{u}_{ij}$ die Differentialgleichung

$$(e_i + e_j)\, \hat{u}_{ij} + m_{ij}\, \mathscr{A}_2\{ij\} = 0 \tag{37}$$

Jedes $\bar{\varepsilon}_{ij}$ kann einen sogenannten „nicht-dynamischen" Anteil enthalten, der wie die $2s^2$-Korrelationsenergie der Atome Be, B, ... C davon herrührt, daß die $2s$- und $2p$-Orbitale nahezu entartet sind, und einen „dynamischen" Anteil, der von dem schnell abklingenden $1/r_{ij}$-Teil herrührt. Die dynamischen $\bar{\varepsilon}_{ij}$ sind von System zu System transferierbar, die nicht-dynamischen $\bar{\varepsilon}_{ij}$ dagegen nicht, da sie von der Anzahl der übrigen Elektronen des Systems abhängen.

McWeeny und *Steiner* (*92*) haben gezeigt, daß die Theorie der paarkorrelierten Wellenfunktionen leicht mit Hilfe der Methode der Gruppenfunktionen abgeleitet werden kann, wobei ein Paar als eine Gruppe und die restlichen $N-2$-Elektronen als zweite Gruppe aufgefaßt werden. Werden jeweils zwei Elektronen gleichzeitig zu einer korrelierten Paarfunktion angeregt, die zu Φ_0 streng orthogonal ist, so spaltet die Variationsgleichung für die Energie 2. Ordnung in Zwei-Elektronen-Gleichungen der Form Gl. (37) auf, und zwar ergibt sich je eine solche Gleichung für jede Paarfunktion.

Die Tatsache, daß diese Gleichungen nicht miteinander gekoppelt sind, ist eine Folge der starken Orthogonalitätsforderung. *McWeeny* und *Steiner* (*92*) diskutieren auch den Einfluß von einfachen und mehrfachen Anregungen sowie die Verwendung einer Ausgangsfunktion, die aus einer begrenzten Basis aufgebaut ist.

Bis zur 2. störungstheoretischen Ordnung treten nur einfache und doppelte Anregungen auf; die doppelten Anregungen, die die korrelierten Paar-Funktionen ergeben, machen den Hauptanteil der Korrelationsenergie aus, der im wesentlichen unabhängig davon ist, ob Φ_0 die exakte HF-Funktion oder eine Näherungsfunktion ist. Die Gleichungen für die einfach angeregten Funktionen sind unabhängig von denen der Paar-Funktionen; sie können getrennt gelöst werden und ergeben einen zusätzlichen Energieterm, der in 2. Ordnung Mängel der Ausgangsfunktion Φ_0 ausgleicht. Dies ist insofern von Bedeutung, als dadurch die Möglichkeit gegeben ist, auch von SCF-Rechnungen mit beschränkter Basis ausgehend zur exakten Wellenfunktion zu gelangen, so daß Abschätzungen der Korrelationsenergie auf der Grundlage von Näherungs-SCF-Funktionen immer noch eine gewisse Bedeutung besitzen.

Edmiston (*34*) hat darauf hingewiesen, daß die Theorie der paarkorrelierten Funktionen in die Theorie der Gruppenfunktionen für getrennte Elektronenpaare, wie sie im letzten Abschnitt beschrieben wurde, übergeht, wenn Paar-Anregungen auf lokalisierte Elektronenpaare beschränkt werden. Es ist daher von besonderem Interesse, als Φ_0 eine verallgemeinerte Produktfunktion aus lokalisierten Gruppenfunktionen zu verwenden und die Aufteilung der Korrelationsenergie in intra- und interorbital-Anteile ausführlich zu untersuchen.

5. Semiempirische Bestimmung der Korrelationsenergie

Da die exakten Hartree-Fock-Energien für Atome heute mit Hilfe der Matrix-SCF-Methode zugänglich sind, können empirische Werte für die Korrelationsenergien in Atomen einfach als Differenz der experimentellen Werte für die Gesamtenergien abzüglich der relativistischen Korrektur und der Hartree-Fock-Energie erhalten werden.

$$E_{\mathrm{Korr}} = E_{\mathrm{exp}} - E_{\mathrm{Rel}} - E_{\mathrm{HF}} \tag{38}$$

Die relativistischen Anteile der Gesamtenergie sind durch *Clementi* (*45*) auf störungstheoretischem Wege abgeleitet worden.

Abb. 5 gibt eine Darstellung der mit ihrer Hilfe für die Elemente der ersten Periode ermittelten experimentellen Koorelationsenergien in Abhängigkeit von der Kernladungszahl (*21*).

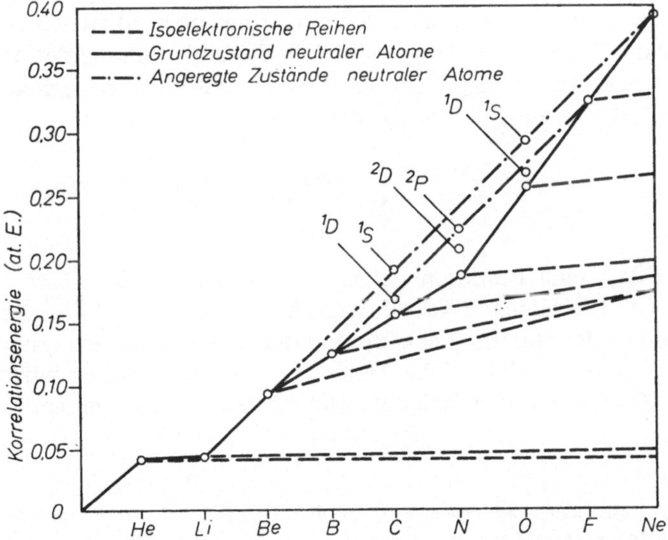

Abb. 5. Die Korrelationsenergie der Atome He bis Ne in Abhängigkeit von der Kernladung Z (nach (*21*))

Dieses Diagramm weist deutliche Regelmäßigkeiten auf: Die Korrelationsenergie des Be mit je einer abgeschlossenen $1s$- und $2s$-Schale ist etwa doppelt so groß wie diejenige des He mit einer doppelt besetzten $1s$-Schale. Die Korrelationsenergie in der Reihe Be, B, C und N steigt nur wenig an, da die $2p$-Elektronen alle den gleichen Spin haben, so daß die Korrelation zwischen diesen Elektronen durch die HF-Näherung bereits berücksichtigt wird. Der Anstieg der Kurve ist auf die $2s$-$2p$-Korrelation zwischen der $2s$ und der $2p$-Schale zurückzuführen. Für O, F und N steigt die Korrelationsenergie wieder steil an, weil jetzt die Korrelationsenergie innerhalb der $2p$-Schale hinzukommt.

Die Korrelationsenergie einer bestimmten Elektronenkonfiguration ist eine lineare Funktion der Kernladung Z, für die abgeschlossene $1s$- und $2s$-Schale ist sie nahezu konstant. Auch für Zustände gleicher Multiplizität und gleichen Gesamtdrehmomentes ist, wie in Abb. 5 durch strichpunktierte Geraden angedeutet, die Korrelationsenergie eine lineare Funktion der Kernladung.

Die so bestimmten atomaren Korrelationsenergien können zu einer Abschätzung der molekularen Korrelationsenergie herangezogen werden, wie zuerst von *Clementi* (*18*) gezeigt wurde. Dabei wird angenommen, daß der relativistische Energieanteil des Moleküls der gleiche ist wie derjenige der Atome im Molekül (wobei für exakte Abschätzungen die Polarität der Bindungen zu berücksichtigen wäre, da der relativistische Anteil der Energie eines Ions und eines Atoms nicht identisch sind). Die molekulare Korrelationsenergie läßt sich dann als Summe der atomaren Korrelationsenergien $E_{\mathbf{at}}^{\mathbf{Korr}}(\mu)$ und einer zusätzlichen „molekularen Extrakorrelationsenergie“ $E_{\mathbf{extra}}^{\mathbf{Korr}}$ darstellen:

$$E^{\mathbf{Korr}} = \sum_{\mu} E_{\mathbf{at}}^{\mathbf{Korr}}(\mu) + E_{\mathbf{extra}}^{\mathbf{Korr}},$$

wobei $E_{\mathbf{extra}}^{\mathbf{Korr}}$ eine Funktion der Geometrie des Moleküls (der Kernabstände) ist. Die folgende Tabelle gibt einige Werte für $E_{\mathbf{extra}}^{\mathbf{Korr}}$ bestimmt als Differenz der Hartree-Fock-Bindungsenergie und der experimentellen Bindungsenergie. (Um solche Daten zu gewinnen, ist es wichtig, die exakte HF-Energie des Moleküls und der Atome zu kennen. Die Ver-

Tabelle 9. *Berechnete und beobachtete Bindungsenergien* D_e [e V] *und molekulare Extrakorrelationsenergie für einige einfache Moleküle (nach* (*21*)*)*

Molekül		D_e (Hartree-Fock)	D_e (beob.)	$E_{\mathrm{extra}}^{\mathrm{Korr}}$	$E_{\mathrm{extra}}^{\mathrm{Korr}}$ (ber.)
CO	$^1\Sigma^+$	7,836	11,242	3,406	3,18
BF	$^1\Sigma^+$	6,183	8,58	2,397	1,66
LiF	$^1\Sigma^+$	3,891	5,94	2,013	1,93
LiH	$^1\Sigma^+$	1,476	2,516	1,040	—
FH	$^1\Sigma^+$	4,378	6,06	1,682	—
CH_4	$^1A_{1g}$	13,0	18,20	5,20	4,98
N_2	$^1\Sigma_g$	5,271	9,902	4,631	4,95

wendung einer beschränkten Basis zur Berechnung der SCF-Energie von Atomen und Molekülen führt zu Bindungsenergien, die um mehrere Zehntel eV von den HF-Werten abweichen.)

Die Abschätzung von $E^{\mathrm{Korr}}_{\mathrm{extra}}$ aus den Daten der atomaren Korrelationsenergien sei für das LiF-Molekül hier kurz angedeutet (*18*). Das LiF-Molekül ist isoelektronisch mit dem $Mg(^1S)$-Atom; für $E^{\mathrm{Korr}}_{\mathrm{extra}}$ (LiF) ergibt sich die Abschätzung

$$E^{\mathrm{Korr}}_{\mathrm{extra}}(\mathrm{LiF}) = E^{\mathrm{Korr}}_{\mathrm{at}}(\mathrm{Mg}) - E^{\mathrm{Korr}}_{\mathrm{at}}(\mathrm{Li}) - E^{\mathrm{Korr}}_{\mathrm{at}}(\mathrm{F})$$

$$= -0{,}444 + 0{,}327 + 0{,}046$$

$$= \quad 0{,}071 \text{ at. E.} = 1{,}93 \text{ eV}$$

Da LiF im wesentlichen polar ist, sollte die Extrakorrelation auch etwa gleich der Korrelation im F^--Ion minus der Korrelation im F-Atom sein:

$$E^{\mathrm{Korr}}_{\mathrm{extra}}(\mathrm{LiF}) = E^{\mathrm{Korr}}_{\mathrm{at}}(\mathrm{F}^-) - E^{\mathrm{Korr}}_{\mathrm{at}}(\mathrm{F}) = 0{,}401 + 0{,}327 = 0{,}074 \text{ at. E.}$$

Als dritter Weg zur Bestimmung der Korrelationsenergie kann der Vergleich des LiF-Moleküls mit dem HF-Molekül angesehen werden, für welches $E^{\mathrm{Korr}}_{\mathrm{extra}} = 0{,}074$ at. E. bestimmt wurde.

Aus diesen Abschätzungen dürfte ein Wert

$$E^{\mathrm{Korr}}_{\mathrm{extra}}(\mathrm{LiF} - 0{,}074 \pm 0{,}002 \text{ at. E.} = 2 \pm 0{,}05 \text{ eV}$$

gesichert sein. In der Tat weicht die mit diesem Wert und der HF-Energie berechnete Bindungsenergie des LiF nur um 0,01 eV = 0,1% vom experimentellen Ergebnis ab.

In der Tabelle 9 sind für eine Reihe weiterer Moleküle die in ähnlicher Weise abgeschätzten molekularen Extrakorrelationsenergien angegeben. Aus diesen Daten geht hervor, daß sich mit Hilfe zuverlässiger Hartree-Fock-Rechnungen und empirischer Daten für die atomaren Korrelationsenergie Bindungsenergien einfacherer Moleküle mit einem Fehler, der höchstens einige Zehntel eV beträgt, voraussagen lassen.

Um solche Rechnungen auch auf komplexere Moleküle ausdehnen zu können, sind exakte Hartree-Fock-Rechnungen für diese Moleküle erforderlich. Solche Rechnungen stehen zwar durchaus im Bereich des Möglichen, doch ist der erforderliche Zeitaufwand selbst mit schnellsten Rechenmaschinen noch so groß, daß Routine-Rechnungen dieser Genauigkeit noch auf sich warten lassen werden.

IV. Die π-Elektronentheorien

π-Elektronensysteme bilden eine Klasse von Molekülen, die sich besonders für semiempirische quantenchemische Rechnungen an Hand einfacher Modelle eignet; denn einerseits werden ihre Eigenschaften im wesentlichen durch die π-Elektronen alleine bestimmt, wodurch z.B. beim Naphthalin statt eines Problems mit 68 Elektronen nur eines mit 10 Elektronen zu behandeln ist, andererseits gibt es zahlreiche konjugierte Verbindungen, die sich in verschiedenen homologen Reihen anordnen lassen, so daß eine große Anzahl der bei der Rechnung auftretenden Variablen unterdrückt werden kann, da sie innerhalb einer Reihe als konstant angesehen werden können.

Bereits 1931 erschien *E. Hückels* (*52*) berühmte quantenchemische Behandlung des Benzols, in welcher das π-Elektronensystem mit nur zwei Variablen α und β (Coulomb- und Resonanzintegral) beschrieben wurde. Solche Rechnungen nach der Hückel'schen MO-Methode haben sich als äußerst nützlich erwiesen für das Aufzeigen von qualitativen Gesetzmäßigkeiten der Eigenschaften konjugierter Verbindungen, vor allem bei Kohlenwasserstoffen. Die HMO-Methode (*134*) ist jedoch ein Einelektronenmodell, und es zeigte sich bald, daß die Vernachlässigung der Elektronenwechselwirkung in vielen Fällen nicht zulässig ist, bzw. eine besonders sorgfältige Diskussion der Parameter α und β für die verschiedenen molekularen Eigenschaften erfordert (*90*).

Goeppert-Mayer und *Sklar* (*40*) führten 1938 die erste MO-Rechnung an einem π-Elektronensystem mit Berücksichtigung der Elektronenwechselwirkung durch. Aber erst die mit den Namen *Pariser, Parr* (*111*) und *Pople* (*118*) verknüpften Näherungen erlauben eine Behandlung von π-Elektronensystemen im Rahmen eines Mehrelektronenmodells, die auch auf größere Systeme anwendbar ist und zu einer guten Übereinstimmung zwischen den Ergebnissen der Rechnung und experimentellen Daten führt. Mit diesen Methoden beschäftigen sich die folgenden Abschnitte dieser Übersicht.

1. Die π-Elektronen-Näherung

Die π-Elektronen-Näherung besteht darin, bei der quantenchemischen Behandlung eines konjugierten Moleküls lediglich die π-Elektronen explizit in Betracht zu ziehen; die restlichen Elektronen, die σ-Elektronen und inneren Schalen werden nur als Teil des „Rumpfpotentials" berücksichtigt, in dem sich die π-Elektronen bewegen. Die Frage, unter welchen Bedingungen diese Näherung gerechtfertigt ist, wurde zunächst von *McWeeny* (*85*) und dann eingehender von *Lykos* und *Parr* (*80*) untersucht.

Die Grundlage dafür bildet die Theorie der verallgemeinerten Produktfunktionen (*89*).

Schreibt man die Gesamtwellenfunktion eines konjugierten Moleküls in der Form

$$\Psi = \mathscr{A}\,[\Phi_\sigma(1, \ldots N_\sigma)\,\Phi_\pi(N_\sigma + 1, \ldots N_\sigma + N_\pi)], \tag{1}$$

wobei Φ_σ und Φ_π normierte Gruppenfunktionen für die N_σ σ-Elektronen bzw. die N_π π-Elektronen sind, die sich als Linearkombinationen orthornormaler Slater-Determinanten Φ^σ_μ bzw. Φ^π_ν schreiben lassen und der strengen Orthogonalitätsforderung Gl. (III-19) genügen, so sind die Bedingungen für die σ-π-Trennung erfüllt, d.h. die π-Elektronen-Wellenfunktion Φ_π läßt sich von der σ-Elektronen-Wellenfunktion Φ_σ getrennt berechnen.

Die π-Elektronen-Näherung kann dann als diejenige Näherung definiert werden, für welche die Wellenfunktion in der Form der Gl. (1) geschrieben werden kann.

Nach Gl. (III-23) ergibt dies für den π-Elektronenoperator

$$\mathscr{H}^\pi_{\text{eff}}(N_\sigma + 1, \ldots N_\sigma + N_\pi) = \sum_{i=N_\sigma+1}^{N_\sigma+N_\pi} h^\pi_{\text{eff}}(i) + \tfrac{1}{2} \sum_{i,j=N_\sigma+1}^{N_\sigma+N_\pi}{}' \frac{1}{r_{ij}} \tag{2}$$

mit

$$h^\pi_{\text{eff}} = h(i) + \mathscr{J}^\sigma(i) - \mathscr{K}^\sigma(i)$$

oder in der üblichen Schreibweise

$$\mathscr{H}^\pi(1, \ldots N_\pi) = \sum_{i=1}^{N_\pi} h^{\text{Rumpf}}(i) + \tfrac{1}{2} \sum_{i,j}^{N_\pi}{}' \frac{1}{r_{ij}} \tag{2a}$$

In entsprechender Weise läßt sich ein Operator

$$\mathscr{H}^\sigma_{\text{eff}}(1, \ldots N_\sigma) = \sum_i h^\sigma_{\text{eff}}(i) + \tfrac{1}{2} \sum_{i,j}{}' \frac{1}{r_{ij}}$$

mit (3)

$$h^\sigma_{\text{eff}} = h^{\text{Schale}}(i) = h(i) + \mathscr{J}^\pi(i) - \mathscr{K}^\pi(i)$$

definieren, die Gesamtenergie des Systems ist dann durch

$$E_0 = E_\pi + E_\sigma - J_{\pi\sigma} + K_{\pi\sigma} \tag{4}$$

gegeben. Definiert man einen Operator

$$\mathscr{H}^0_\sigma(1, \ldots N_\sigma) = \sum_i h(i) + \tfrac{1}{2} \sum_{i,j}' \frac{1}{r_{ij}} \tag{5}$$

so erhält man eine andere Aufteilung der Energie, nämlich

$$E_0 = E^0_\sigma + E_\pi \tag{6}$$

d.h., die ganzen σ-π-Wechselwirkungsterme sind in der Energie E_π enthalten. (Ganz symmetrisch kann man auch ein $\mathscr{H}^0_\pi$ definieren und erhält dann die Aufteilung der Energie in

$$E = E_\sigma + E^0_\pi) \,. \tag{7}$$

Aus Gl. (III—24) folgt nun, daß die Anwendung des Variationsprinzips auf die π-Elektronenfunktion allein korrekt ist, solange die Wellenfunktion den σ-π-Trennungsbedingungen genügt und die Beschreibung der interessierenden Zustände durch eine feste σ-Struktur, d.h. mit der gleichen Funktion $\Phi_\sigma(1, \ldots N_\sigma)$ für diese Zustände, gerechtfertigt ist.

Gleichzeitig folgt aus dieser Argumentation auch, in welcher Weise die π-Elektronentheorien verbessert werden können. Durch iterative Berechnung von Φ_σ und Φ_π in der in Abschnitt III, 3 angegebenen Weise können die Wellenfunktionen der σ- und π-Elektronen einander angepaßt werden (*80*). Für verschiedene π-Zustände erhält man dann verschiedene Beschreibungen des σ-Gerüstes, und kann so die Polarisation des σ-Gerüstes durch die π-Elektronen berücksichtigen. Weiter kann die Wellenfunktion des Moleküls durch Überlagerung mehrerer Produktfunktionen der Form Gl. (1) dargestellt werden:

$$\Psi = C\, \mathscr{A}[\Phi_\sigma \, \Phi_\pi] + C'\, \mathscr{A}[\Phi'_\sigma \, \Phi'_\pi] + \cdots \tag{8}$$

Dies ist eine spezielle Form der Konfigurationswechselwirkung, die zum Beispiel zu einer Spinpolarisation führen kann, wie sie zur Erklärung der Hyperfeinstruktur im Elektronenspin-Resonanz-Spektrum freier Radikale erforderlich ist (vgl. Abschnitt V, 3).

Die gleichen Bedingungen für die Gültigkeit der π-Elektronen-Näherung sind auch erfüllt, wenn die σ-Elektronen-Wellenfunktion Φ_σ statt durch eine Linearkombination von Slater-Determinanten durch ein antisymmetrisiertes Produkt von Paar-Funktionen dargestellt wird, welche die (lokalisierten) σ-Bindungen beschreiben:

$$\Psi = \mathscr{A}[\Phi^\sigma_1(1,2)\, \Phi^\sigma_2(3,4) \ldots \Phi^\sigma_{\frac{N_\sigma}{2}}(N_\sigma - 1, N_\sigma)\, \Phi_\pi(N_\sigma + 1, \ldots N_\sigma + N_\pi)] \tag{9}$$

Dann erhält man für die Matrixelemente $(h_{\text{eff}})_{r_i r_j}$ des effektiven Einelektronenoperators in der AO-Basis für die σ-Elektronengruppe R

$$(h^R_{\text{eff}})_{r_i r_j} = (h^R)_{r_i r_j} + \sum_{S(\neq R)} [I^{RS}(r_i r_j) + X_S I^{RS}_X(r_i r_j) + Y_S I^{RS}_Y(r_i r_j)] + \sum_k \sum_l P_{u_k u_l} [(r_i r_j | u_k u_l) - \tfrac{1}{2}(r_i u_k | u_l r_j)], \tag{10}$$

wobei die erste Summe über alle anderen σ-Elektronengruppen läuft und $P_{u_k u_l}$ die Elemente der Matrix der Ladungsdichten- und Bindungsordnungen des π-Elektronensystems ist.

Für die π-Elektronengruppe ergibt sich

$$(h^{\pi}_{\text{eff}})_{u_i u_j} = (h^{\pi})_{u_i u_j} + \sum_S [I^{\pi S}(u_i u_j) + X_S I^{\pi S}_K(u_i u_j) + Y_S I^{\pi S}_Y(u_i u_j)] \tag{11}$$

Die I^{RS}, I^{RS} und I^{RS} sind durch Gl. (III—27) definiert.

Gl. (11) bildet die Grundlage für eine systematische Berechnung der Rumpfparameter der π-Elektronentheorien und demonstriert die Abhängigkeit dieser Parameter von der Polarität (Y_S) und den Bindungsordnungen (X_S) des σ-Gerüstes. Gl. (10) dagegen bringt die Abhängigkeit der σ-Elektronen von der π-Elektronenverteilung zum Ausdruck (*62*). *Parks* und *Parr* (*112*) verwendeten zur Berechnung der gegenseitigen Polarisation der σ- und π-Elektronen im Formaldehyd ähnliche Beziehungen, die jedoch nur näherungsweise gültig sind, da bereits bei der Ableitung die Mulliken-Näherung eingeführt wurde.

2. Die PPP-Näherung

Die Grundlage für die Anwendbarkeit der in Teil II geschilderten Mehrelektronenmodelle auf größere Systeme bildet die Annahme, daß die Basisfunktionen φ_ν (Atomorbitale) die Beziehung

$$\varphi_\mu(1)\,\varphi_\nu(1) \equiv 0 \qquad (\mu \neq \nu) \tag{12}$$

erfüllen (zero differential overlap (ZDO) Näherung (*113*)). Dies hat zur Folge, daß alle Elektronenwechselwirkungsintegrale außer den Coulomb-Integralen verschwinden

$$\int \varphi^*_\mu(1)\,\varphi_\nu(1)\,\frac{1}{r_{12}}\,\varphi^*_\varkappa(2)\,\varphi_\lambda(2)\,d\tau_1\,d\tau_2 = \delta_{\mu\nu}\,\delta_{\varkappa\lambda} \int \varphi^*_\mu(1)\,\varphi_\mu(1)\,\frac{1}{r_{12}}\,\varphi^*_\varkappa(2)\,\varphi^*_\varkappa(2)\,d\tau_1\,d\tau_2 = \delta_{\mu\nu}\,\delta_{\varkappa\lambda}\,\gamma_{\mu\varkappa}, \tag{13}$$

wodurch die Anzahl der zu berechnenden Integrale von N^4 auf N^2 reduziert wird und alle besonders schwer zu ermittelnden Drei- und Vierzentrenintegrale wegfallen.

Um die Methode flexibler zu gestalten und die Verwendung experimenteller Daten und anpaßbarer Parameter zu ermöglichen, werden die Einzentrenwechselwirkungsintegrale nach

$$\gamma_{\mu\mu} = I_\mu - A_\mu \tag{14}$$

auf spektroskopische Daten für die Ionisationspotentiale I_μ und Elektronenaffinitäten A_μ des Atoms μ im Valenzzustand zurückgeführt (*109*) und die Außerdiagonalelemente des Operators $h_{\text{eff}}(1)$ als empirische Parameter $\beta_{\mu\nu}$ behandelt:

$$\int \varphi_\mu^*(1)\, h_{\text{eff}}(1)\, \varphi_\nu(1)\, d\tau_1 = \begin{cases} \beta_{\mu\nu}, & \text{wenn } \mu \text{ und } \nu \text{ benachbart,} \\ 0 & \text{, sonst} \end{cases} \tag{15}$$

Zur Berechnung der Diagonalelemente des Operators $h_{\text{eff}}(1)$ wird allgemein der Goeppert-Mayer und Sklar-Ansatz (GMS-Ansatz) (*40*) verwendet:

$$h_{\text{eff}}(1) = \mathcal{T}_\mu(1) + \mathcal{V}_\mu(1) + \sum_{\nu \neq \mu} \mathcal{V}_\nu(1) + \sum_{\varrho} \mathcal{V}_\varrho^0(1) \tag{16}$$

wobei $\mathcal{T}_\mu(1)$ der Operator der kinetischen Energie, $\mathcal{V}_\mu(1)$ das Potential des Atomrumpfes μ und $\mathcal{V}_\varrho^0$ das des neutralen Atoms ϱ ist. Ferner wird angenommen, daß die φ_μ der Gleichung

$$[\mathcal{T}(1) + \mathcal{V}_\mu(1)]\, \varphi_\mu(1) = U_\mu\, \varphi_\mu(1) \tag{17}$$

genügen, wobei U_μ das entsprechende Ionisationspotential des Atoms μ im Valenzzustand ist, so daß sich mit Hilfe der Beziehung

$$\mathcal{V}_\mu(1) = \mathcal{V}_\mu^0(1) - Z_\mu \int \varphi_\mu^*(2)\, \varphi_\mu(2)\, \frac{1}{r_{12}}\, dv_2 \tag{18}$$

für die Diagonalelemente

$$\alpha_\mu = \int \varphi_\mu^*(1)\, h_{\text{eff}}(1)\, \varphi_\mu(1)\, d\tau_1 = U_\mu - \sum_{\mu \neq \nu} [Z_\nu \gamma_{\mu\nu} + (\nu : \mu\mu)] \tag{19}$$

ergibt. Z_ν ist die Anzahl der Elektronen, die Atom ν zum π-Elektronensystem beisteuert, und $(\nu : \mu\mu) = -\int \varphi_\mu^*(1)\, \mathcal{V}_\nu^0(1)\, \varphi_\mu(1)\, d\tau_1$ ist ein Durchdringungsintegral zwischen φ_μ und dem neutralen Atom ν.

Mit Hilfe der Gl. (15), (19) und (13) lassen sich die Matrixelemente $h_{\mu\nu}$ ($= \alpha_\mu$ bzw. $\beta_{\mu\nu}$) und $\gamma_{\mu\nu}$ der Operatoren h_{eff} (1) und $g(1,2)$ zwischen AO's φ_μ angeben und damit auch die Matrixelemente I_{ij} und $[ij|kl]$ über die LCAO-MO's $\phi_i = \sum_\mu c_{\mu i} \varphi_\mu$:

$$I_{ij} = \sum_\mu \sum_\nu c_{\mu i}^* c_{\nu j} h_{\mu\nu}$$

$$[ij|kl] = \sum_\mu \sum_\nu c_{\mu i}^* c_{\mu j} c_{\nu k}^* c_{\nu l} \gamma_{\mu\nu} \tag{20}$$

Nach *Pariser* und *Parr* (*111*) berechnet man mit Hilfe der HMO's die Größen I_{ij} und $[ij|kl]$ nach Gl. (20) und bestimmt dann die Energien und Wellenfunktionen der verschiedenen Zustände eines Moleküls nach der Methode der Konfigurationswechselwirkung Gl. (III-10); die dazu erforderlichen Matrixelemente H_{KL} sind durch die Slater-Regeln Gl. (II-8) gegeben. Im allgemeinen beschränkt man sich auf die Grundkonfiguration und einfach angeregte Zustände; nach Brillouin's Theorem entspricht dies dem Grundzustand der SCF-Wellenfunktion.

Pople (*118*) hat zuerst die SCF-Gleichungen für π-Elektronensysteme in der angegebenen Näherung abgeleitet. Für Systeme mit abgeschlossenen Schalen ergibt sich unter Vernachlässigung der Durchdringungsintegrale (vgl. Abschnitt IV, 3) für die Elemente des Hartree-Fock-Operators

$$F_{\mu\mu} = U_{\mu\mu} + \tfrac{1}{2} P_{\mu\mu} \gamma_{\mu\mu} + \sum_{\sigma(\neq\mu)} (P_{\sigma\sigma} - Z_\sigma) \gamma_{\mu\sigma}$$

und

$$F_{\mu\nu} = \beta_{\mu\nu} - \tfrac{1}{2} P_{\mu\nu} \gamma_{\mu\nu} \qquad (\mu \neq \nu), \tag{21}$$

wobei $P_{\mu\nu} = 2 \sum_{i=1}^{N/2} c_{\mu i} c_{\nu i}$ die Elemente der Matrix $\boldsymbol{P}$ der Ladungsdichten und Bindungsordnungen sind. Die SCF-Wellenfunktion ergibt sich dann durch iterative Lösung des Eigenwertproblems Gl. (II-23), die Gesamtenergie ist durch (II-15) gegeben.

Die Ergebnisse, die mit diesen Methoden erhalten werden, rechtfertigen die Näherungen vollauf und lassen keinen Zweifel daran, daß die semiempirischen π-Elektronenmethoden mit Berücksichtigung der Elektronenwechselwirkung einen beachtlichen Fortschritt gegenüber der naiven Hückel-Methode darstellen. Doch um die Näherungen auch von der theoretischen Seite her rechtfertigen zu können und für ein Verständnis der Anwendbarkeit der HMO-Methode, deren Parameter auf die Gl. (21) zurückgeführt werden können, ist die Beantwortung zweier Fragen von Bedeutung:

a) Wie kann die Vernachlässigung aller Elektronenwechselwirkungsintegrale außer den Coulomb-Integralen $\gamma_{\mu\nu}$ gerechtfertigt werden, und

b) wie weit wird bei diesen Verfahren die Elektronenkorrelation berücksichtigt?

Die zweite Frage ist insofern berechtigt, als die Diskussion im Abschnitt III, 5 gezeigt hat, daß die Effekte der Elektronenkorrelation von der gleichen Größenordnung sind wie die chemische interessierenden Energieunterschiede.

Zuerst soll jedoch die Frage der Vernachlässigbarkeit der Elektronenwechselwirkungsintegrale $(\mu\nu|\varkappa\lambda)$ (für $\mu \neq \nu$ und/oder $\varkappa \neq \lambda$), d.h. die ZDO-Näherung und ihre Implikationen diskutiert werden. *McWeeny* (*86*) stellte fest, daß bei der Transformation der Elektronenwechselwirkungsintegrale von einer STO-Basis φ_μ auf eine Basis Löwdin-orthogonalisierter Orbitale (OAO's) $\bar{\varphi}_\mu$ (*76*) die Coulombintegrale $\gamma_{\mu\nu}$ sich sehr wenig ändern, während alle anderen Integrale vernachlässigbar klein werden. Unter anderem hat *Fischer-Hjalmars* (*38*, *39*) diese Beobachtung aufgegriffen und zur Untersuchung der Frage, inwieweit die ZDO-Näherung bei Annahme orthogonaler Basisfunktionen erfüllt ist, mit Hilfe der Entwicklung der OAO's $\bar{\varphi}_\mu$ nach den nicht-orthogonalen AO's φ_μ

$$\begin{aligned}\bar{\varphi}_\mu = {} & (1+\tfrac{3}{4}S_1^2)\,\varphi_\mu - \tfrac{1}{2}S_1\,(\varphi_{\mu-1}+\varphi_{\mu+1}) \\ & + (\tfrac{3}{8}S_1^2 - \tfrac{1}{2}S_2)\,(\varphi_{\mu-2}+\varphi_{\mu+2}) + \mathcal{O}(\varepsilon^3)\end{aligned} \tag{22}$$

mit

$$S_1 \approx \varepsilon \quad \text{und} \quad S_2 \approx \varepsilon^2$$

(wobei S_1 und S_2 die Überlappungsintegrale für φ_μ's an benachbarten bzw. durch ein Atom getrennten Atome sind), die in der *PPP*-Methode auftretenden Integrale über OAO's durch Integrale über AO's und den Parameter ε ausgedrückt. Es zeigt sich, daß bei Verwendung einer Basis von OAO's die ZDO-Näherung der Berücksichtigung mindestens aller Terme 1. Ordnung und höchstens der Terme 2. Ordnung in ε äquivalent ist. Die Terme 1. Ordnung müssen berücksichtigt werden, da sonst alle Außerdiagonalelemente des Operators $h_{\text{eff}}(1)$ verschwinden, Terme 3. Ordnung können nicht berücksichtigt werden, da z.B. alle Hybridintegrale nur in ε^2 verschwinden. Da die Matrixelemente von $h_{\text{eff}}(1)$ zwischen $\bar{\varphi}_\mu$'s an nicht-benachbarten Atomen nur Terme in $\mathcal{O}(\varepsilon^3)$ enthalten, wäre es inkonsequent, alle Elektronenwechselwirkungsintegrale außer den Coulomb-Integralen zu vernachlässigen, aber Resonanzintegrale zwischen nicht benachbarten Zentren zu berücksichtigen, wie dies gelegentlich vorgeschlagen worden ist.

Aus diesen Überlegungen folgt, daß in guter Näherung die verschiedenen Parameter α, β und $\gamma_{\mu\nu}$ der PPP-Methode als Integrale über

Löwdin-orthogonalisierte AO's interpretiert werden können. Diese OAO's sind streng genommen keine Atomorbitale, sie enthalten vielmehr als Folge der Orthogonalisierung Anteile sämtlicher Atomorbitale des Systems. Infolgedessen sollten die empirischen Parameter eine Abhängigkeit von der Molekülgeometrie aufweisen. Die Untersuchungen von *Fischer-Hjalmars* haben jedoch gezeigt, daß alle fraglichen Integrale in 1. Ordnung in ε und außer U_μ auch in 2. Ordnung in ε unabhängig von der Umgebung und daher von Molekül zu Molekül transferierbar sind. Der Effekt der ZDO-Näherung auf die Ergebnisse der π-Elektronentheorie kann somit vom theoretischen Standpunkt aus als geklärt angesehen werden.

Zur Untersuchung der Frage, inwieweit die Elektronenkorrelation in den semiempirischen π-Elektronentheorien berücksichtigt wird, kann man formal unterscheiden zwischen einer „horizontalen Korrelation", d.h. der Korrelation der relativen Elektronenbewegung in einem zweidimensionalen π-Elektronennetzwerk, und einer „vertikalen Korrelation", d.h. der Korrelation der relativen Bewegung zweier Elektronen am gleichen Atom bezüglich der Molekülebene.

Geht man von Gl. (6) aus und setzt voraus, daß E_σ^0 die Korrelationsenergie der σ-Elektronen bereits enthalte, so ergibt sich entsprechend der Gl. (III-2) für E_π näherungsweise

$$E_\pi = \sum_i I_i + \sum_{i<j}\sum (J'_{ij} - K'_{ij}) + E_\pi^{\text{Korr}} \tag{23}$$

Nach Gl. (III-35) ist $E_\pi^{\text{Korr}} \approx \sum_{i<j}\sum \tilde{\varepsilon}_{ij}$, so daß

$$E_\pi = \sum_i I_i + \sum_{i<j}\sum [(J'_{ij} - K'_{ij}) + \tilde{\varepsilon}_{ij}] \tag{23a}$$

wird.

Wendet man diese Beziehung auf das Äthylen mit den MO's $\phi_1 = \frac{1}{\sqrt{2}}(a+b)$ und $\phi_2 = \frac{1}{\sqrt{2}}(a-b)$ an, so ergibt sich im Rahmen der ZDO-Näherung

$$E_\pi = 2I_1 + \tfrac{1}{4}(\gamma_{aa} + \gamma_{bb}) + \tfrac{1}{2}\gamma_{ab} + \tfrac{1}{2}(\tilde{\varepsilon}_{aa} + \tilde{\varepsilon}_{ab}) = 2I_1 + \tfrac{1}{2}\gamma'_{aa} + \tfrac{1}{2}\gamma'_{ab}$$

mit

$$\gamma'_{aa} = \gamma_{aa} + \tilde{\varepsilon}_{aa} \quad \text{und} \quad \gamma'_{ab} = \gamma_{ab} + \tilde{\varepsilon}_{ab}.$$

Das bedeutet, daß durch die Parametrisierung der Integrale in der semiempirischen Theorie die Elektronenkorrelation in einfacher Weise in Rechnung gesetzt werden kann. Die semiempirischen γ-Werte können aber außer Korrelationseffekten auch Änderungen des σ-Gerüstes und ähnliches enthalten.

Werden für das Benzol die $\gamma_{\mu\nu}$ aus den experimentell beobachteten Spektren bestimmt (*110*), so ergibt sich

$$\gamma_{11}\,(\text{Spektr.}) = 11.35\ \text{eV}; \qquad \gamma_{12}\,(\text{Spektr.}) = 7.19\ \text{eV}$$

eine theoretische Berechnung dieser Integrale mit Slater-Orbitalen ($\zeta =$ 3,18) liefert dagegen die Werte

$$\gamma_{11}\,(\text{STO}) = 16.93\ \text{eV}, \quad \gamma_{12}\,(\text{STO}) = 9.03\ \text{eV}.$$

Wie sich die Differenz zwischen den theoretischen und spektroskopischen Werten aus der Änderung der σ- und π-Orbitale und aus Elektronenkorrelationseffekten zusammensetzt, ist nicht ohne weiteres klar. *Pariser* (*109*) hat darauf hingewiesen, daß MO-Wellenfunktionen Terme enthalten, die ionischen Strukturen der VB-Methode entsprechen, und daß diese ionischen Strukturen eine andere σ-Struktur aufweisen können als der Valenz-Zustand der neutralen Atome. Er betrachtete die Ladungsübertragungsreaktion des Kohlenstoffs im Valenzzustand

$$\dot{\text{C}} + \dot{\text{C}} \rightarrow \ddot{\text{C}}^- + \text{C}^+ \tag{24}$$

als Modell für solche Änderungen. Im Rahmen der π-Elektronen-Näherung sollte die Energieänderung ΔE bei dieser Reaktion gleich γ_{11} sein. Setzt man nun γ_{11} gleich dem experimentellen Wert für ΔE, der durch

$$\Delta E = I - A \tag{25}$$

gegeben ist, wenn I und A das Ionisationspotential und die Elektronenaffinität des Valenzzustandes bezeichnen, so werden σ-Elektronenänderungen zwischen ionischen und kovalenten Strukturen und Korrelationseffekte automatisch berücksichtigt. In der Tat erhält man, je nachdem wie man I_c und A_c für den Valenzzustand aus den spektroskopischen Zuständen des C-Atoms ermittelt, Werte zwischen $\Delta E = 10{,}53$ eV und $\Delta E = 10{,}69$ eV, in guter Übereinstimmung mit dem aus dem Spektrum des Benzols bestimmten Wert.

Dewar (*26*) hat zur Berücksichtigung der vertikalen Korrelation das Verfahren der „split-p-orbitals“ (SPO) entwickelt, in dem für den „oberen“ und den „unteren“ Teil eines $2p_\pi$-Orbitals eine getrennte Funktion angesetzt wird. Wenn sich ein Elektron im oberen Teil und eines im unteren befindet, dann ergibt sich für die Wechselwirkungsenergie bei Verwendung von STO's mit $\zeta = 3{,}18$ der Wert 10,98 eV, in guter Übereinstimmung mit dem empirischen Wert für γ_{11} des Kohlenstoffs.

Die SPO's sind jedoch nicht orthogonal zu den σ-Orbitalen, so daß die Bedingungen der σ-π-Separierbarkeit nicht mehr erfüllt sind. Als Folge dieser Nicht-Orthogonalität wird die vertikale Korrelation stark überbewertet; bei Orthogonalisierung der SPO's zu einem geeigneten Atomrumpf erhöht sich die kinetische Energie so sehr, daß dadurch die Erniedrigung des γ_{11} nahezu kompensiert wird. Dennoch führt die Verwendung der mit Hilfe der SPO's berechneten Integralwerte im Rahmen der üblichen π-Elektronentheorien im allgemeinen zu Ergebnissen, die nur unerheblich von denen entsprechender PPP-Rechnungen abweichen.

Sinanoglu und *Orloff* (*130*) haben ΔE in Gl. (25) in folgender Weise zerlegt

$$\begin{aligned}\Delta E &= \Delta E_{\mathrm{HF}} + \Delta E_{\mathrm{Korr}} = \gamma_{11}^{\mathrm{HF}} + \Delta E_{\mathrm{HF}}^{\mathrm{Orb}} + \Delta E_{\mathrm{Korr}} \\ &= \gamma_{11}^{\mathrm{HF}} + \Delta E_{\mathrm{HF}}^{\sigma\pi} + \Delta E_{\mathrm{HF}}^{\sigma} + \Delta \tilde{\varepsilon}_{\sigma} + \Delta \tilde{\varepsilon}_{\sigma\pi} + \Delta \tilde{\varepsilon}_{\pi} \end{aligned} \tag{26}$$

und jeden der Terme theoretisch diskutiert. Dabei ist $\Delta E_{\mathrm{HF}}^{\mathrm{Orb}} = \Delta E_{\mathrm{HF}}^{\sigma\pi} + \Delta E_{\mathrm{HF}}^{\sigma}$ der Anteil der Änderung der Hartree-Fock-Energie für die Reaktion (Gl. 24), der von einer Änderung der σ- und π-Orbitale herrührt, und $\gamma_{\mu\mu}^{\mathrm{HF}}$ wurde mit den Hartree-Fock-AO's des Valenzzustandes des C^--Ions berechnet. Es ergibt sich, daß $\Delta \tilde{\varepsilon}_{\sigma}$ und $\Delta \tilde{\varepsilon}_{\sigma\pi}$ sich nahezu wegheben, so daß $\Delta E_{\mathrm{Korr}} \approx \Delta \tilde{\varepsilon}_{\pi} \approx -1$ eV ist, und folglich

$$\Delta E = \Delta E_{\mathrm{HF}} - 1{,}0 \text{ eV} \tag{27}$$

gilt. Ebenso kompensieren sich $\Delta E_{\mathrm{HF}}^{\sigma}$ und $\Delta E_{\mathrm{HF}}^{\sigma\pi}$ weitgehend, so daß in guter Näherung $\gamma_{11} = \gamma_{11}^{\mathrm{HF}} + \tilde{\varepsilon}_{\pi}\,(2p^2)$ ist. Für das C^--Ion ergibt sich $\gamma_{11}^{\mathrm{HF}} =$ 12,72 eV und folglich $\gamma_{11} = 11{,}7$ eV in guter Übereinstimmung mit dem sektroskopischen Wert $\gamma_{11} = 11{,}4$ eV. Im Unterschied zu der üblichen theoretischen Berechnung der $\gamma_{\mu\mu}$ mit STO's für das neutrale Atom bezieht sich bei der Reaktion Gl. (24) $\gamma_{11}^{\mathrm{HF}}$ auf den Valenzzustand des C^--Ions. Der Wert von $\gamma_{11}^{\mathrm{HF}}$ hängt stark von der Ladung am C-Atom ab, ändert sich jedoch nur wenig mit dem Valenzzustand (C^-: $\gamma_{11} = 12{,}2 \pm 0{,}5$ eV C: $\gamma_{11}^{\mathrm{HF}} = 15{,}5 \pm 0{,}5$ eV; C^+: $\gamma_{11}^{\mathrm{HF}} = 18 \pm 0{,}5$ eV). Entscheidend ist also die negative Ladung am Kohlenstoff. Die Frage, warum nun gerade dieser C^--Wert dem spektroskopischen γ_{11} für das Benzol entspricht, ist jedoch keineswegs geklärt. Es kann sein, daß dies eine Folge der Bestimmung der $\gamma_{\mu\nu}$ als Mittelwerte für mehrere angeregte Zustände des Benzols ist, es kann aber auch eine rein zufällige Koinzidenz der Zahlenwerte sein.

Nachdem die vertikale Korrelation für das Integral γ_{11} diskutiert wurde, bleibt noch die Frage nach der horizontalen molekularen Korrelation. Ein Teil dieser Korrelation wird in der PPP-Methode automatisch berücksichtigt, wieviel hängt jedoch von dem betrachteten Zustand und dem Ausmaß der Konfigurationswechselwirkung ab. Wieviel Konfigurationswechselwirkung berücksichtigt werden muß, ist noch nicht geklärt. *Koutecky* (*66*) hat gefunden, daß dreifach angeregte Konfigurationen praktisch keinen Einfluß auf die Energie des Grundzustandes ausüben. Die AMO-Rechnung von *de Heer* und *Pauncz* (*46*) am Benzol bietet ein Beispiel für eine sehr zuverlässige Abschätzung der horizontalen Korrelationsenergie für ein bestimmtes Molekül.

3. Die Parameter der semiempirischen π-Elektronentheorie

In den letzten Abschnitten zeigte sich, daß im wesentlichen drei Arten von Parametern in der semiempirischen π-Elektronen-Theorien auftreten, die Einelektronenintegrale α_μ und $\beta_{\mu\nu}$ sowie die Elektronenwechselwirkungsintegrale $\gamma_{\mu\nu}$, wobei die α_μ mit Hilfe des Goeppert-Mayer-Sklar-Ansatzes auf die Größen U_μ, $\gamma_{\mu\nu}$ und die Durchdringungsintegrale $(\nu : \mu\mu)$ zurückgeführt werden können.

Die Durchdringungsintegrale gehen mit zunehmendem Kernabstand sehr schnell gegen Null, so daß sie in sehr guter Näherung vernachlässigt werden können, wenn die Atome μ und ν nicht benachbart sind. Da die Durchdringungsintegrale außerdem nahezu unabhängig von der Natur der Atome μ und ν sind, ist ihr Beitrag zu α_μ annähernd konstant, wenn alle Atome die gleiche Anzahl Nachbaratome (im allgemeinen drei) haben (*59*). Es ist daher zweckmäßig $\omega_C = U_C + \sum_{\mu'} (\mu' : \mu\mu)$ als Nullpunkt der Energieskala zu verwenden[17], wobei die Summe über alle dem Atom μ benachbarten Atome μ' läuft. Damit vereinfacht sich der GMS-Ansatz Gl. (19) zu

$$\alpha_\mu(X) = \delta\omega_X - \sum_{\nu \neq \mu} Z_\nu \gamma_{\mu\nu}$$

mit

$$\omega_X = U_X + \sum_{\mu'} (\mu' : \mu\mu) \tag{28}$$

und

$$\delta\omega_X = \omega_X - \omega_C \approx U_X - U_C$$

[17] Für Pople-SCF-Rechnungen ist $\omega_C + \frac{1}{2}\gamma_{11}$ (C) ein günstigerer Nullpunkt der Energieskala, da in diesem Falle die Diagonalelemente $F_{\mu\mu}$ des Hartree-Fock-Operators für einen alternierenden Kohlenwasserstoff gleich Null sind und die Orbitalenergien ε_i der besetzten und unbesetzten MO's symmetrisch zum Energienullpunkt liegen.

Es bleiben also die Parameter $\gamma_{\mu\nu}$ und $\beta_{\mu\nu}$, sowie für Moleküle mit Heteroatomen noch die Größen $\delta\omega_X$ zu bestimmen.

a) *Die Elektronenwechselwirkungsintegrale*

Im letzten Abschnitt wurde gezeigt, wie die Verwendung der reduzierten Einzentrenintegrale $\gamma_{\mu\mu}$ auf Grund der Elektronenkorrelation und der Orbitaleffekte zu erklären ist. Die Bestimmung der $\gamma_{\mu\mu}$ nach der von *Pariser* (*109*) vorgeschlagenen Gl. (14) aus Ionisationspotential und Elektronenaffinität, die Dewar SPO-Methode (*26*) und die theoretische Berechnung dieser Integrale mit Hilfe von paarkorrelierten Wellenfunktionen nach *Sinanoglu* (*130*) führen alle zu sehr ähnlichen Ergebnissen (Tabelle 10), ebenso wie die von *Fischer-Hjalmars* (*37*) vorgeschlagene konstante Korrektur der theoretisch berechneten $\gamma_{\mu\mu}^{\text{theor}}$

$$\gamma_{\mu\mu} = \gamma_{\mu\mu}^{\text{theor}} - \text{const}, \tag{29}$$

die im wesentlichen auf der Annahme einer konstanten Korrelationsenergie für zwei $2p$-Elektronen beruht.

Tabelle 10. *Nach verschiedenen Methoden bestimmte Werte für* $\gamma_{\mu\mu}$(X) (*in* eV)

Atom	Z	$\gamma_{\mu\mu}$ (theor)	$\gamma_{\mu\mu}$ Gl (29)	$\gamma_{\mu\mu}$ Gl (14)	$\gamma_{\mu\mu}$ Gl (27)	$\gamma_{\mu\mu}$ SPO-Meth.
C $(1s^2 t^3\, 2p_z)$	1	16,93	11,60	11,08	10,69	10,978
N $(1s^2 t^4\, 2p_z)$	1	20,77	15,44	12,83	12,91	—
N$^+$ $(1s^2 t^3\, 2p_z)$	2	22,63	17,30	17,21	16,47	—
O $(1s^2\, 2s^2\, 2p_x^2\, 2py\, 2p_z)$	1	24,23	18,90	14,52	15,38	—
O$^+$ $(1s^2 t^4\, 2p_z)$	2	26,09	20,76	—	18,85	—

Für sehr große Kernabstände geht die Korrelationskorrektur gegen Null, und die theoretisch berechneten Elektronen-Wechselwirkungsenergien werden unabhängig von der Kernladung (bzw. der Orbitalexponenten)[18]. Es gilt also für sehr große R

$$\gamma_{\mu\nu} \approx \frac{1}{R} \text{ (at. E.)}. \tag{30}$$

[18] Die klassische Wechselwirkungsenergie zweier Kugeln der Ladung e mit dem Radius r_1 und r_2 ist für einen Abstand $R > (r_1 + r_2)$ gegeben durch $\frac{e^2}{R}$.

Damit bleibt die R-Abhängigkeit der $\gamma_{\mu\nu}$ im Bereich kleiner und mittlerer R festzulegen. *Pariser* und *Parr* (*111*) verwenden hier eine quadratische Interpolation zwischen den Werten für $R=0$ und für sehr große R. Die Anwendung eines Polynoms 4. Grades für diese Interpolation, die ebenfalls vorgeschlagen wurde (*37*), liefert für kleine R größere Werte für $\gamma_{\mu\nu}$, während das empirisch aus dem Benzolspektrum bestimmte γ_{12} kleiner ist als die nach der quadratischen Interpolation bestimmten Werte. Kleinere Werte liefert auch die von *Nishimoto* und *Mataga* (*106*) vorgeschlagene rein empirische Formel

$$\gamma_{\mu\nu}=\frac{1}{a+R}, \tag{31}$$

die für sehr große R in die theoretische Formel $\gamma_{\mu\nu}=\frac{1}{R}$ übergeht, während für $R=0$ $\gamma_{\mu\nu}=\frac{1}{a}=I-A$ gesetzt wird. Der Verwendung einer konstanten Korrelationskorrektur für die Einzentrenintegrale entspricht der Vorschlag (*37*)

$$\gamma_{\mu\nu}(\zeta,\varrho)=\gamma_{\mu\nu}^{\text{theoret}}(\zeta,\varrho)-\Delta_{\mu\nu}(\varrho), \qquad \varrho=\tfrac{1}{2}(\zeta_\mu+\zeta_\nu)\,R \tag{32}$$

zu setzen, wobei $\Delta_{\mu\nu}(\varrho)$ für alle $2p$-Orbitale gleich sein soll.

Um einen Ausdruck für $\Delta_{\mu\nu}(\varrho)$ zu gewinnen, wurde die Rest-Energie E_{Rest}

$$E_{\text{Rest}}=E_{\text{exakt}}-E_{\text{VB}}$$

für das H_2-Molekül als Funktion des Kernabstandes berechnet und in geeigneter Weise umgeeicht, so daß schließlich der Ausdruck

$$\Delta_{\mu\nu}(\varrho)=7{,}8623-2{,}5056\,\varrho+0{,}23968\,\varrho^2-0{,}005983\,\varrho^3\ (\text{eV}) \tag{33}$$

erhalten wurde. In Abb. 6 sind die nach den verschiedenen Methoden bestimmten $\gamma_{\mu\nu}$ für die Wechselwirkung zweier π-Elektronen von Kohlenstoffatomen als Funktion des Kernabstandes dargestellt.

Die Überlegungen des letzten Abschnittes, nach denen die empirischen $\gamma_{\mu\nu}$ einen Teil der Korrelationsenergie berücksichtigen, steht im Einklang mit den Befunden, daß bei begrenzter Berücksichtigung der Konfigurationswechselwirkung die Verwendung kleiner $\gamma_{\mu\nu}$-Werte für kurze Kernabstände (Mataga-Nishimoto-Formel, empirische Benzolwerte) zu besserer Übereinstimmung mit den experimentellen Daten führt, während bei Berücksichtigung doppelt und höher angeregter Zustände die größeren $\gamma_{\mu\nu}$-Werte im allgemeinen bessere Ergebnisse liefern (*59*).

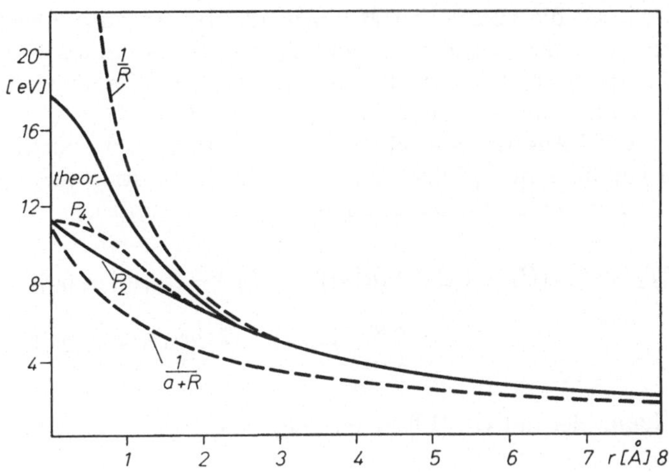

Abb. 6. Vergleich der verschiedenen Methoden zur Bestimmung der $\gamma_{\mu\nu}$ für kleine Kernabstände R

b) *Die Resonanzintegrale*

Die Annahme, daß $\beta_{\mu\nu} = 0$ für nicht benachbarte Atome μ und ν gilt, steht in Übereinstimmung mit der Verwendung von OAO's als Basisfunktionen zur Rechtfertigung der ZDO-Näherung. Für benachbarte Atome μ und $\nu = \mu + 1$ ergibt die Entwicklung der OAO's $\bar{\varphi}_\mu$ nach AOs' die Beziehung

$$\begin{aligned} \int \bar{\varphi}_\mu \, h_{\text{eff}} \, \bar{\varphi}_\nu \, d\tau &= \int \bar{\varphi}_\mu^* \mathcal{T} \bar{\varphi}_\nu \, d\tau + \int \bar{\varphi}_\mu (\mathcal{V}_\mu + \mathcal{V}_{\mu+1}) \, \bar{\varphi}_\nu \, d\tau + \mathcal{O}(\varepsilon^3) \\ &= [(1 - S_{\mu\nu}) / S_{\mu\nu}] \cdot \int \varphi_\mu^* (\mathcal{T} + \mathcal{V}_\mu) \, \varphi_\nu \, d\tau \end{aligned} \tag{34}$$

Da beide Terme in Gl. (34) proportional zu $S_{\mu\nu}^2$ sind, folgt

$$\beta_{\mu\nu} = \text{const } S(1-S) \,, \tag{35}$$

eine Beziehung, die zuerst von *Ruedenberg* (*126*) angegeben wurde. Berücksichtigt man nur Terme 1. Ordnung in ε in der Entwicklung Gl. (22), so ergibt sich

$$\begin{aligned} \int \bar{\varphi}_\mu^* \, h_{\text{eff}} \, \bar{\varphi}_\nu \, d\tau = \int \varphi_\mu^* \, h_{\text{eff}} \, \varphi_\nu \, d\tau - \tfrac{1}{2} S_{\mu\nu} \, [\int \varphi_\mu^* \, h_{\text{eff}} \, \varphi_\mu \, d\tau \\ + \int \varphi_\nu^* \, h_{\text{eff}} \, \varphi_\nu \, d\tau] + \mathcal{O}(\varepsilon^2) \end{aligned} \tag{36}$$

oder

$$\beta_{\mu\nu} = \beta_{\mu\nu}^s - \tfrac{1}{2} S_{\mu\nu} \, (\alpha_\mu^s - \alpha_\nu^s) \,,$$

eine Beziehung, die zuerst von *Mulliken* für den Zusammenhang zwischen den Resonanzintegralen $\beta_{\mu\nu}$ und $\beta^{s}_{\mu\nu}$ für die Rechnung ohne bzw. mit Überlappung im Rahmen der Einelektronenmodelle abgeleitet und von *Pariser* und *Parr* auf die Mehrelektronenmodelle übertragen wurde. Aus dem GMS-Ansatz $(\mathcal{T}+\mathcal{V}_{\mu})\,\varphi_{\mu}=U_{\mu}\,\varphi_{\mu}$ ergibt sich durch Multiplikation von links mit φ_{ν}^{*} und anschließender Integration $\int \varphi_{\nu}^{*}\,h_{\mu}\,\varphi_{\mu}\,d\tau = S_{\mu\nu}\,U_{\mu}$, so daß man für $\beta_{\mu\nu}$ den symmetrischen Ausdruck

$$2\,\beta_{\mu\nu}=S_{\mu\nu}\,(U_{\mu}+U_{\nu})-(\mu\mu\,|\,\mu\nu)-(\mu:\mu\nu)-(\nu\nu\,|\,\mu\nu)-(\nu:\mu\nu)$$
$$-2\sum_{\lambda\neq\mu,\nu}[(\lambda\lambda\,|\,\mu\nu)+(\lambda:\mu\nu)]-2\sum_{\varrho}(\varrho:\mu\nu)$$

erhalten kann, der mit Gl. (19) in Gl. (36) eingesetzt die Beziehung

$$\begin{aligned}\beta_{\mu\nu}=&\tfrac{1}{2}\,S_{\mu\nu}\,[2\,(\mu\mu|\nu\nu)+(\mu:\nu\nu)+(\nu:\mu\mu)]-\tfrac{1}{2}[(\mu\mu|\mu\nu)+(\nu\nu|\mu\nu)\\&+(\mu:\mu\nu)+(\nu:\mu\nu)]+\sum_{\lambda\neq\mu,\nu}\{\tfrac{1}{2}\,S_{\mu\nu}\,[(\lambda\lambda|\mu\mu)+(\lambda\lambda|\nu\nu)+(\lambda:\mu\mu)\\&+(\lambda:\nu\nu)]-(\lambda\lambda|\mu\nu)-(\lambda:\mu\nu)\}\\&+\sum_{\varrho}\tfrac{1}{2}\,S_{\mu\nu}\{[(\varrho:\mu\mu)+(\varrho:\nu\nu)]-(\varrho:\mu\nu)\}\end{aligned}\tag{37}$$

ergibt. Für den Fall, daß die Atome μ und ν gleich sind, reduziert sich diese Gleichung auf die von *Pariser* und *Parr* angegebene Form

$$\begin{aligned}\beta_{\mu\nu}=&\sum_{\lambda\neq\mu}\{S_{\mu\nu}\,[(\lambda\lambda|\mu\mu)+(\lambda:\mu\mu)]-(\lambda\lambda|\mu\nu)-(\lambda:\mu\nu)\}\\&+\sum_{\varrho}\{S_{\mu\nu}(\varrho:\mu\mu)-(\varrho:\mu\nu)\}\end{aligned}\tag{37a}$$

Wendet man in Gl. (37) die Mulliken-Näherung $(\lambda:\mu\nu)=\tfrac{1}{2}\,S_{\mu\nu}\cdot[(\lambda:\mu\mu)+(\lambda:\mu\mu)]$ und $(\lambda\lambda|\mu\nu)=\tfrac{1}{2}\,S_{\mu\nu}[(\lambda\lambda|\mu\mu)+(\lambda\lambda|\nu\nu)]$ auf alle Dreizentrenintegrale an, so verschwinden die Summen über λ und es ergibt sich

$$\begin{aligned}\beta_{\mu\nu}=&\tfrac{1}{2}\,\{S_{\mu\nu}\,[(\nu:\mu\mu)+(\mu:\nu\nu)+2\,(\mu\mu|\nu\nu)]-(\mu:\mu\nu)-(\nu:\mu\nu)\\&-(\mu\mu\,\mu\nu)-(\nu\nu\,\mu\nu)\}\end{aligned}\tag{38}$$

bzw. für den Fall, daß die Atome μ und ν gleich sind

$$\beta_{\mu\nu}=S_{\mu\nu}\,[(\nu:\mu\mu)+(\mu\mu|\nu\nu)]-(\mu:\mu\nu)-(\mu\mu|\mu\nu)\,. \tag{38a}$$

Gl. (38) zeigt, daß $\beta_{\mu\nu}$ nur von den Atomen μ und ν abhängt und somit eine für die Bindung μ—ν charakteristische, von Molekül zu Molekül übertragbare Größe ist.

Fischer—Hjalmars hat vorgeschlagen (*37*), die Durchdringungsintegrale in Gl. (38) den Elektronen-Wechselwirkungsintegralen proportional zu setzen und kommt durch erneute Anwendung der Mulliken-Näherung zu der Beziehung

$$\beta_{\mu\nu}/S_{\mu\nu} = c_1[(\mu\mu|\mu\mu) + (\nu\nu|\nu\nu)] + c_2(\mu\mu|\nu\nu) \tag{39}$$

zur Abschätzung der Resonanzintegrale, wobei die $(\mu\mu|\nu\nu)$ und $S_{\mu\nu}$ für STO's berechnet werden und die Konstanten c_1 und c_2 aus den empirischen Werten $\beta_{\mu\nu} = 2{,}39$ eV für Benzol ($r = 1{,}397$ Å) und $\beta_{\mu\nu} = 2{,}85$ eV für Äthylen ($r = 1{,}337$ Å) zu $c_1 = 0{,}42966$ und $c_2 = -2{,}58097$ ermittelt werden.

Ohno (*107*) geht ebenfalls davon aus, daß die Durchdringungsintegrale den Elektronenwechselwirkungsintegralen proportional sind. Mit der zusätzlichen Annahme, daß $-(\mu:\mu\nu) - (\mu\mu|\mu\nu) = (\mu|\mathscr{V}_\mu|\nu)$ durch das Potential $-\frac{1}{R/2}$ am Mittelpunkt der Bindung bestimmt wird, so daß $(\mu|\mathscr{V}_\mu|\nu) = -S\frac{2C}{R}$ wird, ergibt sich aus Gl. (38a)

$$\beta_{\mu\nu} = S_{\mu\nu}\left[-\frac{2C}{R} + (\mu\mu|\nu\nu)\right], \tag{40}$$

wobei $C = 0{,}85$ eine gute Übereinstimmung mit anderweitig ermittelten $\beta_{\mu\nu}$-Werten ergibt.

Setzt man dagegen in Gl. (38a) $(\mu\mu|\mu\nu) = \frac{1}{2}S_{\mu\nu}[(\mu\mu|\mu\mu) + (\mu\mu|\nu\nu)]$, so ergibt sich die von *I'Haya* (*56*) vorgeschlagene Beziehung

$$\beta_{\mu\nu} = S_{\mu\nu}(\nu:\mu\mu) - (\mu:\mu\nu) - \tfrac{1}{2}S_{\mu\nu}[(\mu\mu|\mu\mu) - (\mu\mu|\nu\nu)] \tag{41}$$

Erwähnt sei schließlich noch eine weitere Formel für $\beta_{\mu\nu}$, die man aus Gl. (36) unter der Annahme von

$$\int \varphi_\mu^*(\mathscr{T} + \mathscr{V}_\nu)\,\varphi_\mu\,d\tau \approx U_\mu$$

mit Hilfe der Mulliken-Näherung erhält; es ist die die Wolfsberg-Helmholz-Formel (*137*)

$$\beta_{\mu\nu} = K\frac{S_{\mu\nu}}{2}\{U_\mu + U_\nu\}, \tag{42}$$

wobei K eine empirische Konstante ist.

Alle diese Formeln erlauben zwar im Prinzip eine Berechnung der Resonanzintegrale $\beta_{\mu\nu}$, doch scheint es ratsam, den empirischen Charakter dieser Parameter beizubehalten und die angegebenen Formeln nur zur Abschätzung des Einflusses einer Störung auf den Wert des Resonanzintegrals anzuwenden.

Die wichtigste Störung, die im Rahmen der Rechnungen an π-Elektronensystemen von Interesse ist, ist eine Änderung der Bindungslänge, und es sind zahlreiche Vorschläge für eine einfache Berücksichtigung der r-Abhängigkeit der Resonanzintegrale gemacht worden. *Pariser* und *Parr* (*111*) haben eine exponentielle Abhängigkeit der Resonanzintegrale vom Kernabstand vorgeschlagen, wie sie z.B. aus der Proportionalität von $\beta_{\mu\nu}$ und $S_{\mu\nu}$ nach Gl. (42) hergeleitet werden kann. Für CC-Bindungen geben sie

$$\beta(r) = -2517{,}5 \exp(-5{,}007\, r) \text{ eV} \tag{43}$$

an (r in Å). Eine rein empirische Beziehung, die nur eine Konstante enthält, wurde von *Kon* angegeben, der eine r^{-6}-Abhängigkeit des Resonanzintegrales annimmt:

$$\beta(r) = \frac{k}{r^6} \qquad k = \begin{cases} -17{,}464 & \text{für C=C-Bdgn.} \\ -13{,}983 & \text{für C=N-Bdgn.} \\ -\ 8{,}8086 & \text{für C=O-Bdgn.} \end{cases} \tag{44}$$

Dewar und *Schmeising* legen der Bestimmung von $\beta(r)$ den Kreisprozeß

$$\mathrm{C}\overset{r'}{-}\mathrm{C} \xrightarrow{-K'} \mathrm{C}\overset{r}{-}\mathrm{C} \xrightarrow{f(\beta)} \mathrm{C}\overset{r}{=}\mathrm{C} \xrightarrow{+K''} \mathrm{C}\overset{r''}{=}\mathrm{C}$$
$$+(E_c'' - E_c')$$

zugrunde (33), wobei $E_c'' = 132{,}785$ kcal/Mol und $E_c' = 96{,}974$ kcal/Mol die Bindungsenergien der Doppel- bzw. Einfachbindung der Länge $r'' = 1{,}334$ Å und $r' = 1{,}485$ Å sind. K' und K'' sind die σ-Kompressionsenergien, die erforderlich sind, um die Bindungen von ihrer Gleichgewichtslänge r' bzw. r'' auf die Länge r zu bringen; sie werden nach

$$K'(r) = E'[1 - e^{a(r' - r_{\mu\nu})}]^2$$

bzw. der entsprechenden Formel für $K''(r)$ aus dem Morsepotential mit den Konstanten $a(\mathrm{C-C}) = 2{,}115$ Å^{-1} und $a(\mathrm{C=C}) = 2{,}430$ Å^{-1} berechnet. $f(\beta)$ ist die π-Bindungsenergie einer C=C-Bindung der Länge r, d.h.

$$f(\beta) = -2\beta + \tfrac{1}{2}(\gamma_{11} - \gamma_{12}),$$

so daß sich

$$\beta(r) = \tfrac{1}{4}(\gamma_{11} - \gamma_{12}) - \tfrac{1}{2}[(E''-K'') - (E'-K')] \tag{45}$$

ergibt.

Zum Abschluß sei noch erwähnt, daß *Nishimoto* und *Forster* (*106*) aus der r-Abhängigkeit der Gesamtenergie eines konjugierten Systems eine lineare Beziehung der Form

$$\beta_{\mu\nu} = A_0 + A_1 p_{\mu\nu} \tag{46}$$

zwischen β und der π-Bindungsordnung $p_{\mu\nu}$ abgeleitet haben, wobei A_0 und A_1 als empirische Konstanten behandelt werden.

Die Gl. (46) eignet sich besonders für die iterative Bestimmung der π-Elektronenenergie und der Bindungslängen eines konjugierten Systems.

c) *Die Parameter* $\delta\omega_\mu$

Prinzipiell sind die Größen U_μ eines Atoms im Valenzzustand aus spektroskopischen Daten zugänglich, so daß die Parameter $\delta\omega_\mu \approx U_\mu(\mathrm{X}) - U_\mu(\mathrm{C})$ daraus ohne Schwierigkeiten gewonnen werden können.

Es zeigt sich jedoch, daß man eine bessere Übereinstimmung der berechneten mit den beobachteten Spektren erhält, wenn man

$$\delta\omega_\mu = C[U_\mu(\mathrm{X}) - U_\mu(\mathrm{C})] \text{ mit } C \leqq 1, \tag{47}$$

setzt, wobei die Konstante C der Polarisation des σ-Rumpfes Rechnung trägt. Für Heteroatome, die wie der Aminostickstoff zwei Elektronen zum konjugierten System beisteuern, muß man für U_μ das 2. Ionisationspotential einsetzen; gleichwertig ist die Anwendung der Gl. (18) in der Form

$$U_\mu(\mathrm{X}^+) = U_\mu(\mathrm{X}) - \gamma_{\mu\mu}(\mathrm{X}^+), \tag{48}$$

wobei $\gamma_{\mu\mu}(\mathrm{X}^+)$ entsprechend der Gl. (24) durch die Energiedifferenz des Prozesses $2\mathrm{X}^+ \rightarrow \mathrm{X}^{++} + \mathrm{X}$ gegeben ist. Für die Aminogruppe erhält man auf diese Weise Werte für $\delta\omega_{N^+}$, die dem Betrage nach sehr viel größer sind als die empirisch aus den Spektren ermittelten. *McEwen* (*83*) verwendet in Gl. (48) statt $\gamma_{11}(X^+)$ den Wert für $\gamma_{11}(X)$ des neutralen Atoms, um der Tatsache Rechnung zu tragen, daß die Aminogruppe im Molekül nahezu neutral ist, und erhält so dem Betrage nach erheblich kleinere Werte. *Fischer—Hjalmars* (*37*) hat vorgeschlagen, für Heteroatome X, die zwei Elektronen zum konjugierten System beisteuern, U_μ gleich dem Ionisationspotential der Verbindung C_2H_5—X zu setzen, so daß

$$\delta\,\omega_\mu(X) = I\,(C_2H_5-X) - U_\mu(C) \tag{49}$$

ist.

Die so bestimmten Werte stehen in sehr guter Übereinstimmung mit den empirisch bestimmten Werten.

Die effektive Kernladung eines Atoms hängt von der Elektronendichte an diesem Kern ab, so daß auch die Parameter $\delta\,\omega_\mu$, $\gamma_{\mu\mu}$ und $\beta_{\mu\nu}$ mit der Elektronendichte am Kern μ variieren sollten. Dieser Effekt wurde zuerst von *Brown* und Mitarb. (*12*) in dem von ihnen als SCF-Methode der variablen Elektronegativitäten (VESCF-MO) bezeichneten Verfahren berücksichtigt. Neuerdings hat *I'Haya* (*56*) diesen Gedanken in seiner Methode der differentiellen Ionisation wieder aufgegriffen.

Aus den Ionisationspotentialen der isoelektronischen Reihe *C* ($Z=3{,}25$, $I_{2p}=11{,}424$ eV), N^+($Z=4{,}25$, $I_{2p}=28{,}885$ eV) und O^{2+} ($Z=5{,}25$, $I_{2p}=53{,}464$ eV) erhält man die Beziehung

$$I_{2p} = 3{,}604\,Z^2 - 9{,}599\,Z + 4{,}5535\,, \tag{50}$$

die z.B. für das Äthylen-Kation mit $Z^*=3{,}425$, dem Mittelwert der Slater-Werte für C ($Z=3{,}25$) und C^+ ($Z=3{,}60$), den Wert $I_{2p}=13{,}95$ eV gegenüber $I_{2p}=11{,}424$ eV im Äthylen liefert. *I'Haya* berechnete alle Durchdringungsintegrale rein theoretisch für STO's mit $Z=3{,}25$ bzw. $Z^*=3{,}425$ und setzt für das Kation $\gamma^*_{\mu\mu}=\frac{Z^*}{Z}\gamma_{\mu\mu}$, so daß sich nach Gl. (41) für das Kation auch ein anderer $\beta^*_{\mu\nu}$-Wert ergibt als für das neutrale Molekül. Auf diese Weise berechnet sich das Ionisationspotential des Äthylens zu $I=10{,}75$ eV in guter Übereinstimmung mit dem experimentellen Wert $I=10{,}62$ eV, während sich unter der üblichen Annahme gleicher Parameter-Werte für alle Zustände eines Moleküls, d.h. für $Z=Z^*$, der Wert $I=13{,}37$ eV ergibt.

Wichtig ist bei diesen Berechnungen des Ionisationspotentials, daß die Korrektur der Einzentrenintegrale nach Gl. (14) durchgeführt wird, bevor die Mulliken-Näherung zur Ableitung der Gleichung (41) für $\beta_{\mu\nu}$ und ähnlicher Beziehungen angewandt wird, d.h. daß die Mulliken-Näherung in der Form

$$(\mu\mu|\mu\nu) = \tfrac{1}{2}\,S_{\mu\nu}\,[(\mu\mu|\mu\mu)_{th} + (\mu\mu|\nu\nu)] \tag{51}$$

geschrieben wird, wobei $(\mu\mu|\mu\mu)_{th}$ die theoretisch berechneten Einzentrenintegrale und nicht die der Gl. (14) sind. Wendet man die Korrektur der Einzentrenintegrale nach der Mulliken-Näherung an, d.h. setzt man in Gl. (51) $\gamma_{\mu\mu}$ statt $(\mu\mu|\mu\mu)_{th}$, so ergibt sich das Ionisationspotential des Äthylens zu $I = 14{,}497$ eV. Auf die Bedeutung der richtigen Anwendung der Mulliken-Näherung bei der Ableitung der Formeln für $\beta_{\mu\nu}$ wurde bereits von *Moser* (*98*) und von *Parr* und *Pariser* (*116*) hingewiesen.

V. Anwendungen der π-Elektronentheorien

In diesem Abschnitt sollen einige Anwendungen der semiempirischen π-Elektronen-Methoden geschildert werden, welche einerseits die Bedeutung der Berücksichtigung der Elektronenwechselwirkung demonstrieren und andererseits zeigen sollen, welcher Art die mit diesen Verfahren erzielten Ergebnisse sind. Es wurden mehr oder weniger willkürlich drei Teilgebiete der zahlreichen Anwendungsmöglichkeiten herausgegriffen, und zwar konjugierte Systeme im Grundzustand, Elektronenspektren konjugierter Systeme und magnetische Eigenschaften konjugierter Systeme.

1. Konjugierte Systeme im Grundzustand

Eine ausführliche Anwendung der Pople-SCF-Methode auf den Grundzustand konjugierter Systeme wird in einer Reihe von Arbeiten von *Dewar* und *Gleicher* (*17, 27—32*) gegeben. Nach der Pople-SCF-Methode ergibt sich die Gesamt-π-Elektronenenergie eines Systems mit abgeschlossenen Schalen zu

$$E_\pi = \sum_\mu \left[P_{\mu\mu} U_\mu + \tfrac{1}{4} P_{\mu\mu}^2 \gamma_{\mu\mu} + \tfrac{1}{2} P_{\mu\mu} \sum_{\nu(\neq\mu)} (P_{\nu\nu} - 2)\, \gamma_{\mu\nu}\right] + 2 \sum_{\mu<\nu}\sum P_{\mu\nu} \left[\beta_{\mu\nu} - \tfrac{1}{4} P_{\mu\nu} \gamma_{\mu\nu}\right], \tag{1}$$

während die π-Bindungsenergie durch

$$E_{\pi b} = E_\pi + \sum_{\mu<\nu}\sum Z_\mu Z_\nu \gamma_{\mu\nu} \tag{2}$$

gegeben ist, wobei die Kernabstoßung in Übereinstimmung mit der Annahme des GMS-Ansatzes Gl. (IV—16) für die Rumpfintegrale durch die Abstoßung positiver Ladungen mit der gleichen Verteilung wie für ein Elektron am Rumpf angesetzt wurde, d.h. statt $\frac{Z_\mu Z_\nu}{r_{\mu\nu}}$ wurde $Z_\mu Z_\nu \gamma_{\mu\nu}$ gesetzt.

Die Bildungswärme ΔH eines Kohlenwasserstoffes ist unter der Annahme der Additivität der Bindungsenergien

$$\Delta H = N_{\mathrm{CH}} E_{\mathrm{CH}} + N_{\mathrm{CC}} E_{\mathrm{CC}} + E_{\pi b}, \tag{3}$$

wobei N_{CH} und N_{CC} die Anzahl und E_{CH} und E_{CC} die Energien der CH- und CC-Bindungen sind. Um die Bildungswärme eines Kohlenwasserstoffs zu berechnen, muß E_{CC}, der σ-Anteil einer „aromatischen" CC-Bindung bekannt sein. Da dieser Wert schwer abzuschätzen ist, haben *Dewar* und *Gleicher* für eine Reihe von Kohlenwasserstoffen, für welche ΔH experimentell bekannt ist, $E_{\pi b}$ berechnet und daraus aus Gl. (3) E_{CC} bestimmt. Dabei wurde ausgehend von gleichen Bindungslängen jeweils die Bindungslänge aus der Bindungsordnung $P_{\mu\nu}$ nach

$$r_{\mu\nu} \text{ (in Å)} = 1{,}504 - 0{,}166\, P_{\mu\nu} \tag{4}$$

bestimmt und mit diesem Wert $\gamma_{\mu\nu}$ erneut berechnet und $\beta_{\mu\nu}$ nach Gl. (IV-45) ermittelt usw., bis die so gewonnenen Bindungslängen gegen einen konstanten Wert konvergierten. Als Beispiel sind in Tabelle 11 die berechneten Bindungslängen des Phenanthrens den experimentell bestimmten gegenübergestellt.

Aus den Rechnungen für elf verschiedene Kohlenwasserstoffe ergibt sich bei Verwendung von PPP-Integralwerten ein Mittelwert $E_{\mathrm{CC}} = 3{,}820$ eV, die mittlere Abweichung beträgt $\Delta E = 0{,}21\%$, bei Verwendung von SPO-Integralen ist $E_{\mathrm{CC}} = 3{,}924$ eV ($\Delta E = 0{,}17\%$). Diese Ergebnisse zeigen, daß die Annahme einer konstanten CC-Bindungsenergie gerechtfertigt ist und weiterhin, daß die PPP-Methode die Vorausberechnung der Bindungslängen und der Bildungsenthalpien aromati-

Tabelle 11. *Berechnete und beobachtete Bindungslängen des Phenanthrens (in Å) (nach (27))*

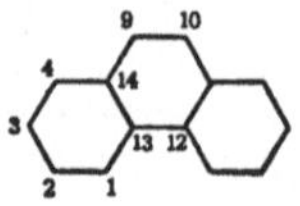

	Bindg.	r (exp)	r (PPP)	r (SPO)
	1— 2	1,373	1,381	1,378
	2— 3	1,406	1,407	1,410
	3— 4	1,373	1,381	1,378
	1—13	1,409	1,410	1,413
9, 10, 4, 14, 3, 13, 12, 2, 1	4—14	1,411	1,411	1,413
	9—10	1,352	1,361	1,356
	9—14	1,444	1,438	1,445
	13—14	1,394	1,400	1,394
	12—13	1,445	1,441	1,447

scher Kohlenwasserstoffe mit einer Genauigkeit gestattet, die erheblich besser als 1% ist.

Die Resonanzenergie E_R eines Aromaten ist gegeben durch

$$E_R = \Delta H^K - \Delta H, \tag{5}$$

wobei

$$\Delta H^K = N_{\mathrm{CH}} E_{\mathrm{CH}} + N' E' + N'' E'' \tag{6}$$

die Bildungsenthalpie einer klassischen Struktur mit N' Einfachbinfungen der Energie E' und N'' Doppelbindungen der Energie E'' ist, so daß

$$\begin{aligned} E_R &= N' E' + N'' E'' - N_{\mathrm{CC}} E_{\mathrm{CC}} - E_{\pi b} \\ &= N_{\mathrm{CC}} \left[A - \frac{N' - N''}{2 N_{\mathrm{CC}}} (E'' - E') \right] - E_{\pi b} \end{aligned} \tag{7}$$

wird. Behandelt man $A = -E_{\mathrm{CC}} + \frac{1}{2}(E'' + E')$ als empirischen Parameter, der aus der Resonanzenergie des Benzols bestimmt wird, so ergibt sich für die geradzahligen cyklischen Polyene (für die $(N' - N'') = 0$, so daß der zweite Term in der eckigen Klammer der Gl. (7) verschwindet) der in Abb. 7 dargestellte Zusammenhang zwischen der Zahl der C-Atome und der Resonanzenergie.

Das Ergebnis weist im Gegensatz zu den Ergebnissen einfacher HMO-Rechnungen, die ebenfalls in Abb. 7 angegeben sind, eine außerordentlich gute Übereinstimmung mit den experimentellen Befunden auf: Für alle cyklischen Polyene mit $4n$ C-Atomen wird eine negative Resonanzenergic, für diejenigen mit $(4n+2)$ C-Atomen bis einschließlich zu [22]-Annulen wird eine positive Resonanzenergie berechnet.

Aus der Definition der Resonanzenergie ist klar, daß für $E_R < 0$ die klassische Struktur mit lokalisierten C=C-Bindungen stabiler ist als eine Struktur mit ausgeglichenen CC-Bindungen, d.h. daß das Molekül nicht aromatisch ist, während $E_R > 0$ auf das Vorliegen eines Bindungsausgleichs und damit auf die Aromatizität der Verbindung deutet. Tatsächlich läßt das NMR-Spektrum des [22]-Annulens auf das Vorliegen eines magnetischen Ringstromes und damit auf die Aromatizität dieser Verbindung schließen, während für das [30]-Annulen ebenso wie für die Polyene mit $4n$ C-Atomen kein solcher Ringstrom beobachtet wird. Es ist bekannt, daß in cyklischen Polyenen sehr großer Ringgliederzahl alternierende Doppel- und Einfachbindungen vorliegen, unabhängig davon, ob die Zahl der C-Atome gleich $4n$ oder $4n+2$ ist. Die Rechnungen von *Dewar* und *Gleicher* legen nahe, daß dieses Verhalten ab $n = 6$ zu beobachten sein sollte. Das [26]-Annulen ist bisher jedoch noch nicht bekannt.

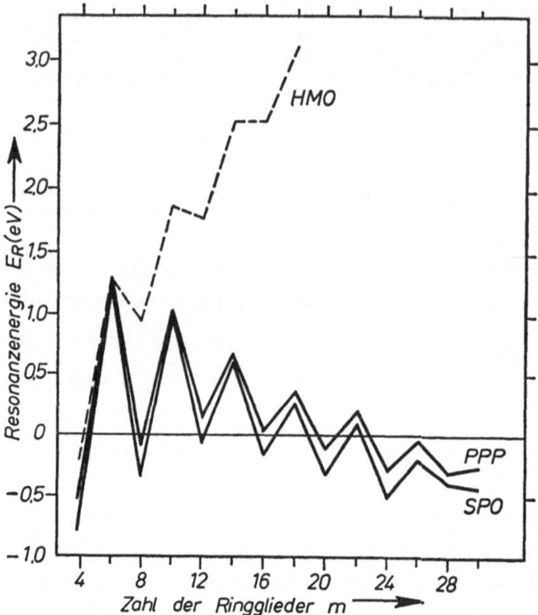

Abb. 7. Zusammenhang zwischen der Zahl der C-Atome und der Resonanzenergie cyclischer Polyene (nach (27))

In gleicher Weise wie für die Annulene beschrieben, haben *Dewar* und *Gleicher* auch die Resonanzenergien einer Reihe nichtbenzoider Kohlenwasserstoffe berechnet. Die Ergebnisse sind in Tabelle 12 zusammengestellt. Wieder im Gegensatz zu den Ergebnissen der HMO-Rechnungen sagen die Methoden mit Elektronenwechselwirkung für alle aufgeführten Verbindungen relativ geringe Resonanzenergien voraus.

Die einzige Ausnahme bildet das Azulen, für welches die berechnete Resonanzenergie etwa in der gleichen Größenordnung liegt wie diejenige des Benzols (**1,318** eV), in Übereinstimmung mit den experimentellen Befunden, die nahelegen, daß Azulen als einzige der in Tabelle 12 aufgeführten Verbindungen aromatisch ist. Obwohl auch für die übrigen Verbindungen die Resonanzenergien positiv berechnet werden, weisen die Ergebnisse zum Teil auf stark alternierende Bindungslängen hin. In diesen Fällen ist es nicht mehr gerechtfertigt, eine mittlere Energie E_{CC} für alle σ-Bindungen anzunehmen, d.h. die Voraussetzung für die Berechnung der Resonanzenergie nach Gl. (7) ist nicht mehr erfüllt. Eine bessere Näherung ist hier eine Gleichung der Form

$$\Delta H = N' E^{s}_{CC} + N'' E^{d}_{CC} + N_{CH} E_{CH} + E_{\pi b} \tag{8}$$

Tabelle 12. *Berechnete Resonanzenergie einiger nicht-alternierender Kohlenwasserstoffe (in* eV*) (nach* (27, 28))

Molekül		HMO	PPP nach Gl. (7)	SPO	PPP nach Gl. (9)	SPO
Butalen	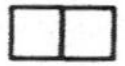	0,984	0,191	0,391	—	—
Fulven		0,896	0,136	0,321	+0,0003	+0,020
Pentalen	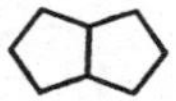	1,530	0,589	0,710	—	—
Heptafulven	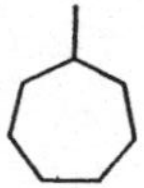	1,227	0,156	0,372	−0,044	−0,011
Azulen	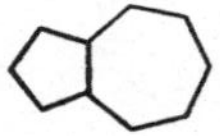	2,116	1,225	1,226	—	—
Fulvalen		2,117	0,550	0,833	+0,053	+0,083

Tabelle 12 (Fortsetzung)

Molekül		HMO	PPP nach Gl. (7)	SPO	PPP nach Gl. (9)	SPO
Heptalen	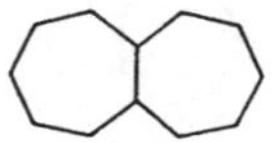	2,232	0,689	0,787	—	—
Sesquifulven	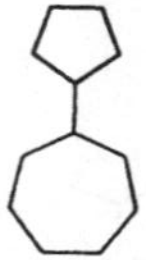	2,521	0,867	1,036	−0,013	−0,020
Oktalen	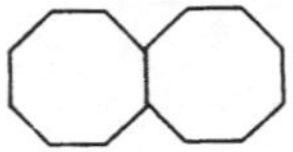	2,573	0,279	0,268	—	—
Heptalfulvalen	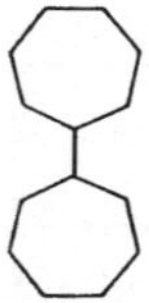	2,783	0,711	1,008	−0,028	0,0

für die Bildungswärme der Verbindung, wobei E^s_{CC} und E^d_{CC} der als Mittelwert für offenkettige Polyene berechnete σ-Anteil einer lokalisierten Einfachbindung (PPP: $r = 1{,}456$ Å, $E^s_{CC} = 3{,}8761$ eV; SPO: $r = 1{,}464$ Å, $E^s_{CC} = 3{,}9926$ eV) bzw. Doppelbindung (PPP: $r = 1{,}350$ Å, $E = 3{,}6413$ eV; SPO: $r = 1{,}345$ Å, $E = 3{,}6361$ eV) ist. Damit ergibt sich die Resonanzenergie zu

$$E_R = N'(E^s_{CC} - E'_{CC}) + N''(E^d_{CC} - E''_{CC}) + E_{\pi b} \tag{9}$$

Die nach dieser Gleichung berechneten Resonanzenergien sind in den letzten Spalten der Tabelle 12 angegeben; sie sind alle nahezu Null und zeigen daher deutlich, daß diese nicht-aromatischen Verbindungen als „klassische" Kohlenwasserstoffe mit lokalisierten Doppel- und Einfachbindungen sehr gut beschrieben werden.

Es bleiben noch das Pentalen und das Heptalen kurz zu diskutieren, deren Bindungslängen des Molekül-Perimeters nahezu ausgeglichen sind. Diese Verbindungen sollten demnach, obwohl sie vermutlich sehr reakriv sind, die Charakteristika aromatischer Verbindungen aufweisen (delokalisierte π-Elektronen, Ringstrom etc.). Während das Heptalen evtl. infolge der Ringspannung nicht eben gebaut ist, scheint die Voraussage für das Pentalen dahin zu gehen, daß dieses sich durchaus als aromatisch erweisen könnte. Auf alle Fälle scheint es sehr reaktiv zu sein, denn seine Darstellung ist bisher noch nicht gelungen.

2. Die Elektronenspektren konjugierter Systeme

Es ist schon lange bekannt, daß Einelektronenmodelle zur Beschreibung der Spektren komplexer Moleküle nicht ausreichen. Das instruktivste Beispiel hierfür bilden die cyklischen Polyene. In der HMO-Methode sind die Orbitalenergien ε_j für einen durchkonjugierten Ring mit n π-Elektronenzentren durch die Beziehung

$$E_j = \alpha + 2 \cos \frac{2\pi j}{n} \beta \tag{10}$$

gegeben, so daß außer dem untersten besetzten und dem obersten unbesetzten alle MO's doppelt entartet sind. Folglich sind für Systeme mit einer geraden Anzahl $2m$ π-Elektronen auch die vier niedrigsten angeregten Zustände, die in diesem Modell durch die Wellenfunktionen

$$\Phi_1 = \ldots (\psi_{m-1})^2 \phi_m \, \phi_{m+1} \ldots$$
$$\Phi^2 = \ldots (\phi_{m-1})^2 \phi_m \, \phi_{m+2} \ldots \tag{11}$$

$$\Phi_3 = \ldots \phi_{m-1} (\phi_m)^2 \phi_{m+1} \ldots$$

$$\Phi_4 = \ldots \phi_{m-1} (\phi_m)^2 \phi_{m+2} \ldots$$

beschrieben werden, entartet. Diese Voraussage des Einelektronenmodells läßt sich experimentell nicht bestätigen.

Bei Anwendung eines Mehrelektronenmodells zur Diskussion der Spektren müssen die Hartree-Produkte der Gl. (11) durch antisymmetrisierte Produktfunktionen ersetzt werden, die zugleich Spin-Eigenfunktionen sind. Es ergeben sich folgende Singulett-Funktionen für die vier niedrigsten angeregten Zustände:

$$\begin{aligned}
{}^1\Phi_1 &= (2)^{-\frac{1}{2}} \{(\ldots \phi_{m-1} \bar{\phi}_{m-1} \phi_m \bar{\phi}_{m+1}) + (\ldots \phi_{m-1} \bar{\phi}_{m-1} \phi_{m+1} \bar{\phi}_m)\} \\
{}^1\Phi_2 &= (2)^{-\frac{1}{2}} \{(\ldots \phi_{m-1} \bar{\phi}_{m-1} \phi_m \bar{\phi}_{m+2}) + (\ldots \phi_{m-1} \bar{\phi}_{m-1} \phi_{m+2} \bar{\phi}_m)\} \\
{}^1\Phi_3 &= (2)^{-\frac{1}{2}} \{(\ldots \phi_{m-1} \bar{\phi}_{m+1} \phi_m \bar{\phi}_m) + (\ldots \phi_{m+1} \bar{\phi}_{m-1} \phi_m \bar{\phi}_m)\} \\
{}^1\Phi_4 &= (2)^{-\frac{1}{2}} \{(\ldots \phi_{m-1} \bar{\phi}_{m+2} \phi_m \bar{\phi}_m) + (\ldots \phi_{m+2} \bar{\phi}_{m-1} \phi_m \bar{\phi}_m)\}
\end{aligned} \qquad (12)$$

Da die MO's ϕ_i für ein cyklisches Polyen durch die Symmetrie vollständig bestimmt sind, ist die Grundzustandsfunktion ${}^1\Phi_0 = (\ldots \phi_{m-1} \bar{\phi}_{m-1} \phi_m \bar{\phi}_m)$ bereits die SCF-Funktion. Dagegen führt die Elektronenwechselwirkung zu einer Wechselwirkung der angeregten Zustände ${}^1\Phi_1 \ldots {}^1\Phi_4$ untereinander, so daß für sie das Säkularproblem

$$|H_{ik} - \delta_{ik} E| = 0$$

zu lösen ist (vgl. (Gl. III-10)), wobei $H_{ik} = \int {}^1\Phi_i^* \mathscr{H}(1, \ldots N)\, {}^1\Phi_k \, d\tau$ ist. Explizit ergibt sich für die Matrix $\boldsymbol{H}$

$$\boldsymbol{H} = \begin{pmatrix} H_{11} & 0 & 0 & 0 \\ 0 & H_{22} & H_{23} & 0 \\ 0 & H_{32} & H_{33} & 0 \\ 0 & 0 & 0 & H_{44} \end{pmatrix}$$

mit $H_{11} = H_{44}$ und $H_{22} = H_{33}$. Ferner kann allgemein gezeigt werden, daß $H_{23} = H_{32}$ nur dann von Null verschieden ist, wenn das System ein Symmetriezentrum besitzt, d.h. wenn die Anzahl n der Perimeteratome gerade ist. Durch die Berücksichtigung der Elektronenwechselwirkung spaltet also der vierfach entartete angeregte Zustand für ein cyklisches Polyen mit einer geraden Zahl π-Elektronenzentren in drei Zuständen und für eines mit einer ungeraden Zahl π-Elektronenzentren in zwei Zustände auf. Setzt man für die bei der Berechnung der Matrixelemente H_{ik} auftretenden Parameter $\beta_{\mu\nu}$ und $\gamma_{\mu\nu}$ geeignete Zahlenwerte ein, so erhält man eine Voraussage der Spektren cyklischer Polyene, die bezüglich der Zahl der Banden und deren Lage in guter Übereinstimmung mit den experimentellen Befunden steht, wie die Abb. 8 für das Benzol und das Tropylium-Kation als Beispiel für einen geradzahligen und einen ungeradzahligen Perimeter zeigt.

Nach *Moffitt* (*97*) wird die Konfigurationswechselwirkung zwischen entarteten Zuständen wegen ihrer besonderen Bedeutung für die Voraussage der Reihenfolge von Molekülzuständen als Konfigurationswechselwirkung erster Ordnung bezeichnet. Diese Konfigurationswechselwirkung erster Ordnung spielt eine wichtige Rolle bei der Voraussage der Spektren aller alternierenden Kohlenwasserstoffe, da hier die Orbitalenergien symmetrisch bezüglich eines geeigneten Nullpunktes der Energieskala (α in der HMO-Methode, $\omega_C + \frac{1}{2}\gamma_{11}(C)$ in der SCF-Methode) liegen, so daß alle Konfigurationen der Form $\Phi_{m-r \to m+s}$ und $\Phi_{m-s+1 \to m+r+1}$ miteinander entartet sind (Abb. 9a). Die Aufhebung dieser Entartung

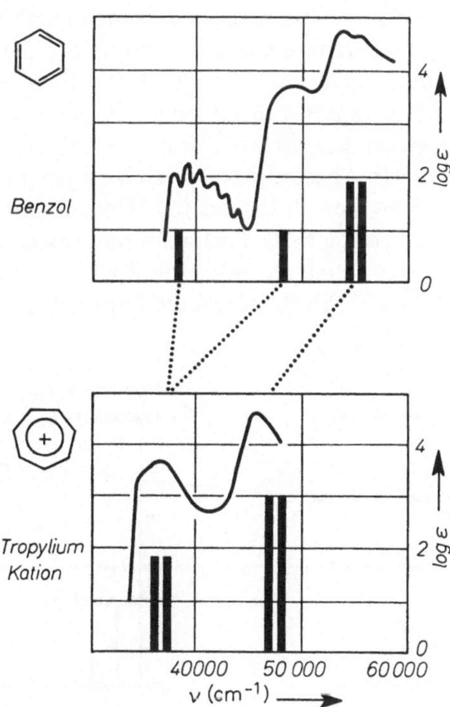

Abb. 8. Vergleich der berechneten und beobachteten Spektren des Benzols und des Tropylium-Kations (nach (*47*))

durch Berücksichtigung der Konfigurationswechselwirkung 1. Ordnung führt zu Zuständen, die durch die Funktionen

$$\begin{aligned} \Phi_+ &= \frac{1}{\sqrt{2}} \{\Phi_{m-r \to m+s} + \Phi_{m-s+1 \to m+r+1}\} \\ \Phi_- &= \frac{1}{\sqrt{2}} \{\Phi_{m-r \to m+s} - \Phi_{m-s+1 \to m+r+1}\} \end{aligned} \tag{13}$$

beschrieben werden (*110*), wobei Φ_+ einem Zustand höherer Energie und Φ_- einem Zustand niedrigerer Energie entspricht. Dies ist schematisch in Abb. 9c dargestellt, wobei auch die in der Spektroskopie für die Polyacene üblichen Bezeichnungen der angeregten Zustände angegeben sind. Die relative Aufspaltung dieser Zustände kann wie im Beispiel des Naphthalins so groß sein, daß ein durch Φ_- beschriebener Zustand unterhalb des Zustandes $\Phi_{m \to m+1}$ zu liegen kommt (Abb. 9b).

Daß die π-Elektronentheorien nicht nur eine qualitative, sondern auch eine zuverlässige quantitative Voraussage der Spektren von π-Elektronensystemen ermöglichen, sofern die Elektronenwechselwirkung berücksichtigt wird, d.h. sofern man im Rahmen eines Mehrelektronenmodells arbeitet, hat *Pariser* durch die Berechnung der Singulett- und Triplett-Zustände der Polyacene gezeigt (*110*). Eine ausführliche Berechnung der Spektren nicht-alternierender Kohlenwasserstoffe wurde mit ebenfalls sehr guten Ergebnissen von *Koutecky* durchgeführt (*64*).

Zum Abschluß dieses Abschnittes soll noch an einem Beispiel gezeigt werden, wie weit solche Berechnungen für Moleküle mit Heteroatomen geeignet sind, die experimentell beobachteten Spektren ganzer Verbindungsklassen zu reproduzieren oder die Spektren unbekannter Verbindungen vorauszusagen. Werden etwa die Parameter der Aminogruppe

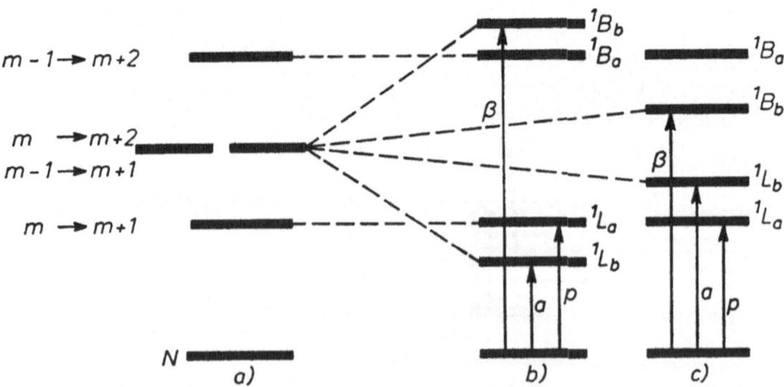

Abb. 9. Termschema eines alternierenden Kohlenwasserstoffs mit und ohne Berücksichtigung der Konfigurationswechselwirkung 1. Ordnung

durch Anpassung des berechneten an das beobachtete Spektrum des Anilins bestimmt (*59*), so ergeben sich mit den gleichen Parametern die in Abb. 10 den experimentellen Spektren gegenübergestellten Übergänge für die einfachen Cyanine und Merocyanine. Diese Rechnungen geben die Zahl und die Lage der Banden in den einzelnen Verbindungen richtig wieder, vor allem aber auch die Verschiebung des Spektrums innerhalb der homologen Reihe. Dies geht besonders deutlich aus der Abb. 11 hervor, in welcher für die Merocyanine und für die Cyanine die berechneten und die experimentellen Wellenlängen der längstwelligen

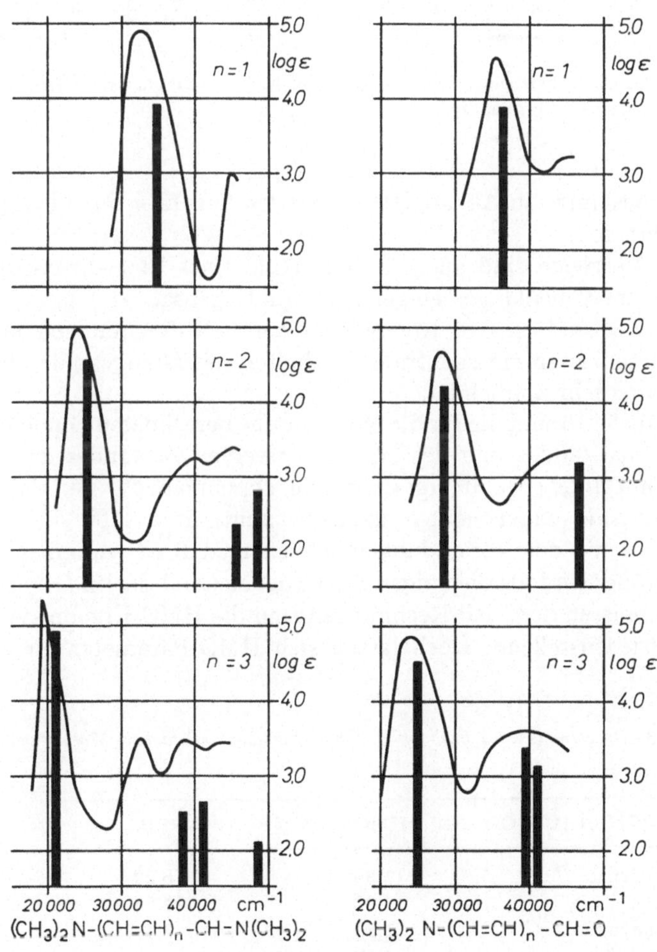

Abb. 10. Berechnete und beobachtete Spektren der Cyanine und Merocyanine (nach (*60*))

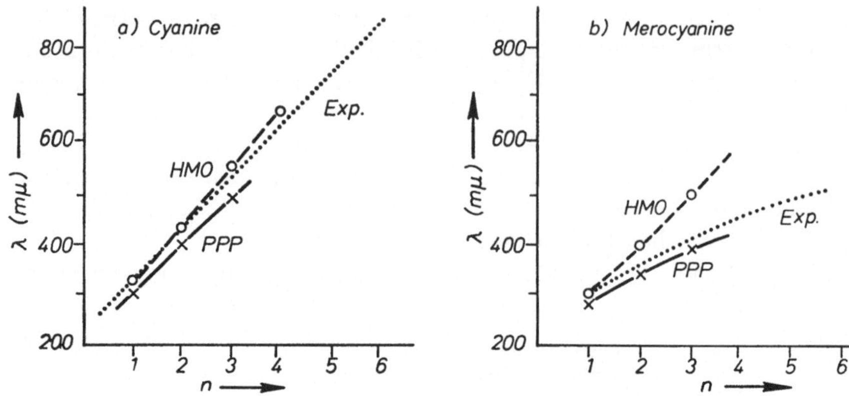

Abb. 11. Abhängigkeit der Wellenlänge λ des längstwelligen π-π^*-Überganges von der Anzahl der Vinylgruppen

Absorptionsbande in Abhängigkeit von der Anzahl n der Vinylgruppen dargestellt sind.

Zum Vergleich sind auch die mit Hilfe eines Einelektronenmodells berechneten Wellenlängen eingetragen; im Gegensatz zu den experimentellen Daten und zu den Ergebnissen der PPP-Rechnungen folgt aus diesen Ergebnissen ein spektrales Verhalten der Merocyanine, daß dem der Cyanine sehr ähnlich ist.

In Tabelle 13 sind die für die Merocyanine berechneten Dipolmomente des Grundzustandes und des ersten angeregten Zustandes den experimentellen Daten gegenübergestellt (die Dipolmomente des angeregten Zustandes sind experimentell nicht bekannt, doch läßt sich aus der Solvatochromie der Verbindungen schließen, daß sie um einen Faktor 2 bis 3 größer sind als diejenigen des Grundzustandes). Im Gegensatz zu den Ergebnissen der PPP-Rechnungen sind die HMO-Ergebnisse keineswegs zufriedenstellend. Doch lassen sich HMO-Parameter für die He-

Tabelle 13. *Berechnete und beobachtete Dipolmomente einfacher Merocyanine (nach (60))*

$(CH_3)_2N{-}(CH{=}CH)_n{-}CH{=}O$	HMO	PPP	Exp
n = 1 Grundzust.	14,35	6,20	6,24
1. anger. Zust.	13,82	11,35	—
n = 2 Grundzust.	21,23	7,48	7,67
1. anger. Zust.	21,16	15,73	—
n = 3 Grundzust.	28,82	8,36	8,24
1. anger. Zust.	28,42	19,30	—

teroatome finden, die eine Übereinstimmung zwischen berechneten und experimentellen Dipolmomenten ergeben; die mit diesen Parametern berechneten Elektronenspektren weisen dann allerdings erhebliche Abweichungen von den experimentellen Spektren auf.

Diese Tatsache, daß in der HMO-Methode die Berechnung verschiedener Eigenschaften eines Moleküls verschiedene Parameter erfordert, beruht darauf, daß die Parameter der Einelektronenmodelle je nachdem, welche Moleküleigenschaft diskutiert wird, mit jeweils anderen Größen der Mehrelektronenmodelle zu identifizieren sind (*90*). Dies hat zu der Vielzahl der vorgeschlagenen Werte für die Heteroatom-Parameter geführt. Im Rahmen der Mehrelektronenmodelle scheint die Situation insofern günstiger zu sein, als sich hier offenbar Heteroatom-Parameter finden lassen, die eine ähnliche routinemäßige Behandlung von Heteromolekülen gestatten, wie sie für alternierende und nicht-alternierende Kohlenwasserstoffe möglich ist.

3. ESR-Spektren konjugierter Systeme

Die Hyperfeinstruktur-Aufspaltung im Elektronen-Resonanz-Spektrum paramagnetischer π-Elektronensysteme gestattet einen direkten Test der Wellenfunktion über die zuerst von *McConnell* (*82*) theoretisch abgeleitete Beziehung

$$a_H = -Q\,\varrho_\mu^\pi, \tag{14}$$

nach welcher die Hyperfeinstruktur-Kopplungskonstante a_H der π-Elektronen-Spindichte ϱ_μ^π am C-Atom μ, das dem H-Atom benachbart ist, direkt proportional ist[19].

Die Spindichte ϱ_μ^π ist die Differenz der Elektronendichte für π-Elektronen mit α-Spin und für π-Elektronen mit β-Spin, also ein Maß für den Überschuß eines Spins an einem bestimmten Atom μ. Im Rahmen der Einelektronenmodelle ebenso wie im Rahmen der beschränkten SCF-Methoden der Mehrelektronenmodelle wird ein paramagnetisches Molekül mit $2n+1$ Elektronen durch n doppelt besetzte MO's und ein einfach besetztes MO beschrieben,

$$^2\Phi_0 = (\phi_1\,\bar{\phi}_1 \ldots \phi_n\,\bar{\phi}_n\,\phi_0), \tag{15}$$

[19] Für eine theoretische Diskussion der Gl. (14) vgl. *Hall* und *Amos* (*42*).

die Spindichte ist also gleich der Elektronendichte $|\phi_0|^2$ des ungepaarten Elektrons, d.h. sie kann nur positiv oder gleich Null sein, wenn man dem Spin des ungepaarten Elektrons das positive Vorzeichen zuordnet. Die experimentellen Daten für eine Reihe von Verbindungen sind jedoch nur unter der Annahme negativer Spindichten an einzelnen Positionen zu deuten. Diese negativen Spindichten kann man durch eine Berücksichtigung der Korrelation zwischen Elektronen mit verschiedenem Spin erklären.

Im Prinzip eignen sich alle im Abschnitt III besprochenen Methoden der Berücksichtigung der Elektronenkorrelation zur Berechnung der Spin-Dichten. Ergebnisse von *Ben Jemia* und *Lefebvre* (*7*) haben gezeigt, daß bei der Konfigurationswechselwirkung einfach angeregte Zustände der Form

$$^2\Psi_{j\to k} = \frac{1}{\sqrt{6}}\{2(\phi_j\,\bar{\phi}_0\,\phi_k) - (\phi_k\,\bar{\phi}_j\,\phi_0) - (\phi_0\,\bar{\phi}_k\,\phi_j)\}, \quad j < n+1 < k \tag{16}$$

den wesentlichen Beitrag liefern.

In der unbeschränkten Hartree-Fock-Methode wird die Einteilchen-Dichtematrix $\boldsymbol{R}_\alpha$ und $\boldsymbol{R}_\beta$ der Elektronen mit α- und β-Spin unabhängig variiert, so daß diese Methode zur Berechnung von Spindichten besonders gut geeignet scheint. Tatsächlich werden genau für diejenigen Kohlenstoffatome negative Spindichten vorausgesagt, für welche das Experiment ebenfalls negative Spindichten nahelegt. Allerdings ist die quantitative Übereinstimmung weniger zufriedenstellend, doch ist dies nicht überraschend, da eine unbeschränkte SCF-Funktion keine Spineigenfunktion ist.

Wünschenswert wäre es, mit reinen Spineigenfunktionen zu arbeiten, wie in den erweiterten SCF-Methoden. Solche Rechnungen sind allerdings nur im Rahmen der AMO-Methode an einzelnen Molekülen durchgeführt worden, die Übereinstimmung mit den Ergebnissen einer CI-Rechnung ist z.B. für das Allyl-Radikal sehr gut (*24*). Ein Kompromiß besteht darin, aus der unbeschränkten SCF-Funktion durch einfach Annihilation die Komponente mit der nächsthöheren Multiplizität vor der Berechnung der Spindichten herauszuprojezieren. Dies Verfahren wurde besonders von *Snyder* und *Amos* (*133*) angewandt und führt zu sehr guten Ergebnissen.

Schließlich sei noch im Näherungsverfahren für die Berechnung der unbeschränkten SCF-Spindichten erwähnt, daß von *McLachlan* eingeführt wurde (*84*). Bezeichnet man den unbeschränkten SCF-Operator für Elektronen mit α-Spin und β-Spin für ein neutrales Molekül mit $\mathcal{F}^\alpha(0)$ und $\mathcal{F}^\beta(0)$ und für das negative Ion des Moleküls mit $\mathcal{F}^\alpha(1)$ und $\mathcal{F}^\beta(1)$, so ist nach Gl. (II—42)

$$\boldsymbol{F}^{\alpha}(0) = \boldsymbol{F}^{\beta}(0)$$

$$F^{\alpha}(1)_{\mu\nu} - F^{\alpha}(0)_{\mu\nu} = -P^{0}(0)_{\mu\nu}\,\gamma_{\mu\nu} + \delta_{\mu\nu} \sum_{\varrho} P^{0}(0)_{\varrho\varrho}\,\gamma_{\mu\varrho} \tag{17}$$

$$F^{\beta}(1)_{\mu\nu} - F^{\beta}(0)_{\mu\nu} = \delta_{\mu\nu} \sum_{\varrho} P^{0}(0)_{\varrho\varrho}\,\gamma_{\mu\varrho}\,,$$

wobei $P^0(0)$ die Dichte des ungepaarten Elektrons ist. Der Unterschied der Spindichte in der beschränkten und der unbeschränkten SCF-Methode rührt also von dem Austauschterm in $F^{\alpha}(1)_{\mu\nu} - F^{\alpha}(0)_{\mu\nu}$ her. Berücksichtigt man den Einfluß dieses Terms mit Hilfe der Störungsrechnung 1. Ordnung im Rahmen der HMO-Methode, so ergibt sich unter Vernachlässigung kleiner Terme die Beziehung

$$\varrho_{\mu}^{\pi} = P_{\mu\mu}^{0} - \tfrac{1}{2}\,\gamma_{\mu\mu} \sum_{\sigma} \pi_{\mu\sigma}\, P_{\sigma\sigma}^{0}\,, \tag{18}$$

wobei $\pi_{\mu\sigma}$ die von *Coulson* und *Longuet-Higgins* eingeführte Atompolarisierbarkeit der Atome μ und σ ist. In der folgenden Tabelle sind einige typische Ergebnisse der verschiedenen Rechenmethoden zusammengestellt.

Da die MO's der Einelektronenmodelle oft eine sehr gute Näherung für die SCF-MO's darstellen, sind die mit Hilfe der beiden Methoden

Tabelle 14. *Nach verschiedenen Verfahren berechnete und beobachtete Spindichten für das Naphthalin-Anion und das Pyren-Anion*

	Methode	1	2	9
Naphthalin-Anion	HMO	0,181	0,069	0,0
	beschr. SCF (*51*)	0,186	0,065	0,0
	CI (*48*)	0,221	0,054	−0,050
	unbeschr. SCF (*133*)	0,262	0,026	−0,076
	unbeschr. SCF + Annihil. (*133*)	0,214	0,048	−0,024
	McLachlan (*84*)	0,222	0,047	−0,037
	Experiment (*16*)	0,218	0,081	—

	Methode	2	3	4	12	13
Pyren-Anion	HMO	0,0	0,136	0,087	0,0	0,027
	CI (*7*)	−0,070	0,196	0,097	−0,010	−0,003
	unbeschr. SCF (*133*)	−0,132	0,252	0,093	0,002	−0,029
	unbeschr. SCF + Annihil. (*133*)	−0,042	0,174	0,085	0,001	0,011
	McLachlan (*84*)	−0,052	0,187	0,092	−0,012	+0,002
	Experiment (*49*)	−0,048	0,211	0,092	—	—

berechneten Spindichten nur wenig verschieden. Erst die Berücksichtigung der Elektronenkorrelation führt hier zu einer wesentlichen Verbesserung der Ergebnisse und zu einer guten Übereinstimmung zwischen Theorie und Experiment.

VI. Zusammenfassung und Ausblick

Die hier geschilderten Anwendungen der Mehrelektronenmodelle zur Berechnung physikalischer Eigenschaften konjugierter Systeme, die leicht durch zahlreiche weitere Beispiele vermehrt werden könnten, zeigen deutlich die Zuverlässigkeit der erzielten Ergebnisse und den Vorteil der Mehrelektronenmodelle gegenüber den Einelektronenmodellen. Andererseits hat die Entwicklung der Mehrelektronenmodelle zu einem vertieften Verständnis der Struktur der Einelektronenmodelle, speziell der HMO-

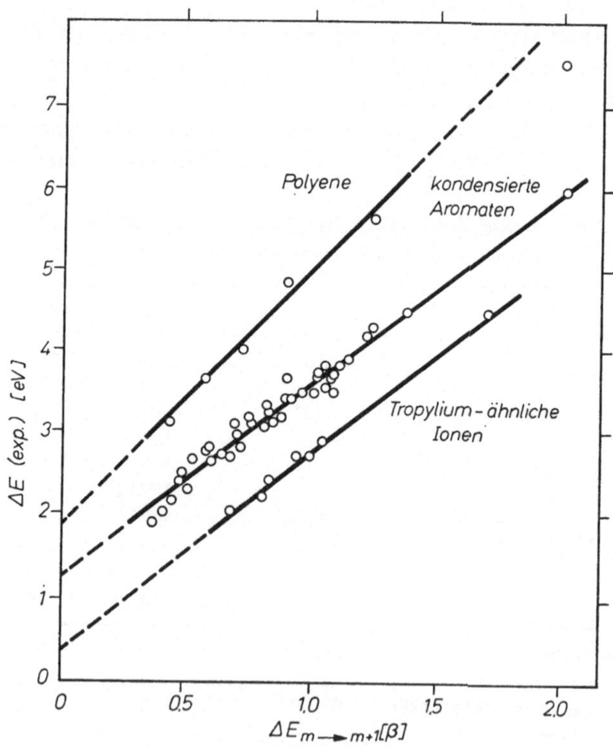

Abb. 12. Zusammenhang zwischen der experimentell beobachteten Anregungsenergie und der HMO-Energie $\Delta E_{m \to m+1}$ verschiedener Kohlenwasssertoffe (nach (65))

Methode, und der ihr innewohnenden Näherungen und Annahmen geführt, so daß die HMO-Methode dennoch erfolgreich angewandt werden kann. Hier sei auf die unterschiedlichen Zahlwerte für das Resonanzintegral β hingewiesen, die sich aus der Korrelation der HMO-Ergebnisse für Kohlenwasserstoffe mit verschiedenen physikalischen Eigenschaften ergeben, und die durch den Vergleich der Ausdrücke der HMO-Methode mit den entsprechenden Ausdrücken der SCF-Methoden erklärt werden konnten (*90*). Ein weiteres Beispiel stellen die Elektronenspektren alternierender Kohlenwasserstoffe dar. Abb. 12 zeigt, daß zwischen der Energie der längstwelligen π—π^*-Bande und der HMO-Energie für diesen Übergang durchaus ein linearer Zusammenhang besteht, wenn auch die Proportionalitätskonstante für verschiedene Verbindungsklassen verschieden ist, und die Geraden nicht durch den Nullpunkt gehen. Man kann daraus folgern, daß der Anteil der Elektronenwechselwirkung zur Anregungsenergie für eine bestimmte Verbindungsklasse nahezu konstant ist. Abb. 13 zeigt, daß sogar für die α- und die

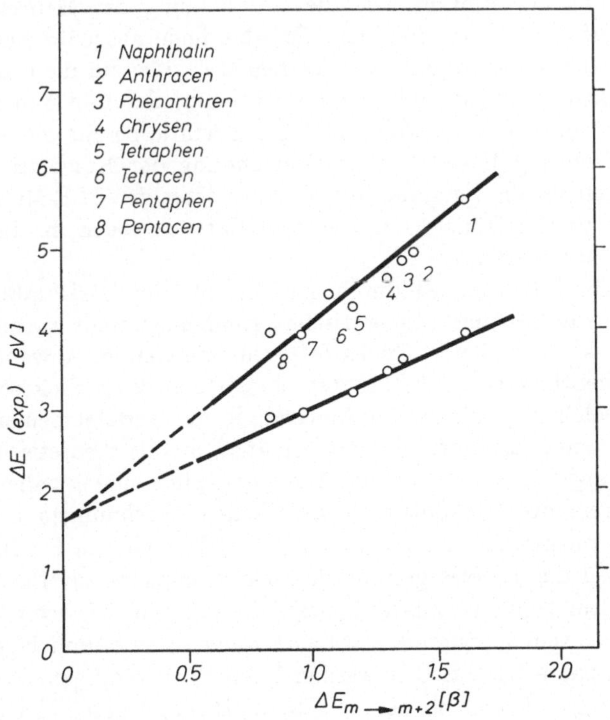

Abb. 13. Zusammenhang zwischen der experimentell beobachteten Anregungsenergie der α-und β-Banden kondensierter Aromaten und der HMO-Energie $\Delta E_{m \to m+2}$

β-Bande kondensierter Aromaten näherungsweise eine lineare Beziehung zwischen der experimentellen Übergangsenergie und der HMO-Energie $\Delta E = \varepsilon_{m+1} - \varepsilon_{m-1} = \varepsilon_{m+2} - \varepsilon_m$ besteht, obwohl diese im Einelektronenmodell entarteten Übergänge infolge Konfigurationswechselwirkung 1. Ordnung aufspalten. Dies Ergebnis bedeutet, daß das Matrixelement $\int \Phi_{m \to m+2} \mathscr{H} \Phi_{m-1 \to m+1} \, d\tau$, das ja die Größe der Aufspaltung angibt, in guter Näherung der Übergangsenergie $\Delta E_{m \to m+2}$ proportional ist.

Besondere Bedeutung ist den Anwendungen störungstheoretischer Methoden in der HMO-Methode beizumessen, da die HMO's oft gute Näherungen für die SCF-MO's darstellen, so daß bei geeigneter Wahl des ungestörten Systems Effekte, die sich durch die Änderung von Gerüstintegralen darstellen lassen, sehr gut erfaßt werden können. Hier sei auf *Dewar's* zusammenfassende Arbeit über die Reaktivität konjugierter Systeme hingewiesen (*25*).

Die McLachlan-Methode zur Berechnung von Spindichten bietet ein Beispiel dafür, daß durch einfache störungstheoretische Ansätze selbst Korrelationseffekte in der HMO-Methode berücksichtigt werden können.

Ein ähnlicher Einfluß, wie die Entwicklung der Mehrelektronenmodelle auf das Verständnis der HMO-Methode ausgeübt hat, ist von den theoretischen Rechnungen an kleinen Molekülen für die Entwicklung der π-Elektronentheorie mit Berücksichtigung der Elektronenwechselwirkung zu erwarten. Im Abschnitt IV, 2 wurde bereits geschildert, in welcher Richtung Ergebnisse der Berechnung der Korrelationsenergie von Atomen für die Bestimmung der Parameter der PPP-Methode herangezogen werden können, und weitere Entwicklungen in dieser Richtung sind zu erwarten.

Die ZDO-Näherung ist durch die Deutung der Basisfunktionen als OAO's auf eine gesicherte theoretische Grundlage gestellt worden, so daß von daher keine größeren Rückschläge für die weitere Anwendung von π-Elektronentheorien zu befürchten sind. Auch die π-Elektronennäherung als solche hat durch die Anwendung der verallgemeinerten Produktfunktionen eine Formulierung erhalten, die als theoretische Rechtfertigung angesehen werden kann. Aber gerade hier sind in naher Zukunft noch interessante Ergebnisse vorauszusehen. Rechnungen an kleinen Molekülen müssen zeigen, wie weit der verallgemeinerte Produktansatz oder speziell die Theorie getrennter Elektronenpaare zur Berücksichtigung der Elektronenkorrelation geeignet sind, d.h. wie weit die Elektronenkorrelation als Summe von Paarkorrelationen räumlich getrennter Elektronenpaare beschrieben werden kann. Der verallgemeinerte Produktansatz bietet auch in der im Abschnitt IV, 1 geschilderten Weise den wohl aussichtsreichsten Ansatz für eine theoretische Behandlung des σ-Gerüstes im Rahmen der π-Elektronentheorie. In Anbetracht einiger neuerer Arbeiten über die σ-π-Wechselwirkung im konjugierten

System erscheint dies im Augenblick eines der wichtigsten Probleme der Mehrelektronenmodelle in der organischen Chemie zu sein.

Den Herren Prof. *W. Bingel* und Prof. *W. Lüttke* bin ich für wertvolle Hinweise und Diskussionen zu großem Dank verpflichtet.

VII. Anhang

1. Die Projektionsmethode (*90*)

Für orthonormale MO's ist die Einteilchen-Dichtematrix $\boldsymbol{R} = \boldsymbol{T}\boldsymbol{T}^{+}$ (vgl. Gl. (II—13)) idempotent, d.h. es gilt

$$\boldsymbol{R}^2 = \boldsymbol{R}\,, \tag{A 1}$$

so daß $\boldsymbol{R}$ als Matrixdarstellung eines Projektionsoperators angesehen werden kann. $\boldsymbol{R}$ definiert einen Unterraum S_1 in dem von den Basisfunktionen φ_μ aufgespannten Raum; $\boldsymbol{R}' = \boldsymbol{1} - \boldsymbol{R}$ definiert den komplementären Unterraum S_2.

Ist $\boldsymbol{c}$ ein beliebiger Spaltenvektor, so ist $\boldsymbol{c}_1 = \boldsymbol{R}\boldsymbol{c}$ die Projektion dieses Vektors auf S_1, $\boldsymbol{c}_2 = \boldsymbol{R}'\boldsymbol{c}$ die Projektion auf S_2 und es gilt die Identität

$$\boldsymbol{c} = \boldsymbol{1}\boldsymbol{c} = (\boldsymbol{R} + \boldsymbol{R}')\,\boldsymbol{c} = \boldsymbol{c}_1 + \boldsymbol{c}_2\,. \tag{A 2}$$

Damit zwei Vektoren gleich sind, müssen auch ihre Projektionen auf die einzelnen Unterräume gleich sein, d.h.

$$\text{aus } \boldsymbol{a} = \boldsymbol{b} \quad \text{folgt } \boldsymbol{a}_i = \boldsymbol{b}_i \quad (i = 1,2)\,. \tag{A 3}$$

In gleicher Weise kann die Matrixdarstellung $\boldsymbol{M}$ eines Operators in die Projektionen auf die Unterräume S_1 und S_2 ($\boldsymbol{M}_{11}$ und $\boldsymbol{M}_{22}$) und in die „Intersektionen" ($\boldsymbol{M}_{12}$ und $\boldsymbol{M}_{21}$) aufgeteilt werden:

$$\begin{aligned}\boldsymbol{M} &= \boldsymbol{1}\boldsymbol{R}\boldsymbol{1} = \boldsymbol{RMR} + \boldsymbol{RMR}' + \boldsymbol{R}'\boldsymbol{MR} + \boldsymbol{R}'\boldsymbol{MR}' \\ &= \boldsymbol{M}_{11} + \boldsymbol{M}_{12} + \boldsymbol{M}_{21} + \boldsymbol{M}_{22}\,,\end{aligned} \tag{A 4}$$

und aus

$$\boldsymbol{A} = \boldsymbol{B} \text{ folgt } \boldsymbol{A}_{ij} = \boldsymbol{B}_{ij} \quad (i, j = 1, 2)\,. \tag{A 5}$$

Bei der Ableitung der SCF-Gleichungen in Abschnitt II wurde die allgemeinste Variation $\delta \boldsymbol{R}$, welche die Idempotenz der Matrix $\boldsymbol{R}$ erhält, zu

$$\delta \boldsymbol{R} = \boldsymbol{R} \boldsymbol{X} (1 - \boldsymbol{R}) + (1 - \boldsymbol{R}) \boldsymbol{X}^{+} \boldsymbol{R}$$

angegeben. Dieses Ergebnis läßt sich einfach mit Hilfe der Projektionsmethode gewinnen. Es gilt

$$\boldsymbol{R}^2 = \boldsymbol{R} ,$$

und es soll ein $\delta \boldsymbol{R}$ bestimmt werden, so daß

$$(\boldsymbol{R} + \delta \boldsymbol{R})^2 = (\boldsymbol{R} + \delta \boldsymbol{R})$$

oder bei Beschränkung auf Glieder erster Ordnung in $\delta \boldsymbol{R}$

$$\boldsymbol{R} \delta \boldsymbol{R} + \delta \boldsymbol{R} \boldsymbol{R} = \delta \boldsymbol{R} \tag{A 6}$$

gilt. Mit Hilfe von Gl. (A 4) und Gl. (A 5) folgt dann

$$\begin{aligned} 2 (\delta \boldsymbol{R})_{11} &= (\delta \boldsymbol{R})_{11} \\ (\delta \boldsymbol{R})_{12} &= (\delta \boldsymbol{R})_{12} \\ (\delta \boldsymbol{R})_{21} &= (\delta \boldsymbol{R})_{21} \end{aligned} \tag{A 7}$$

und

$$0 = (\delta \boldsymbol{R})_{22} ,$$

d.h. die Idempotenz der Matrix bleibt erhalten, wenn für die Variation $\delta \boldsymbol{R}$ die Projektionen auf S_1 und S_2 verschwinden, so daß

$$(\delta \boldsymbol{R})_{11} = (\delta \boldsymbol{R})_{22} = 0$$

oder

$$\delta \boldsymbol{R} = (\delta \boldsymbol{R})_{12} + (\delta \boldsymbol{R})_{21} \tag{A 8}$$

ist.

Da $\delta \boldsymbol{R}$ symmetrisch sein soll, folgt schließlich

$$\delta \boldsymbol{R} = \boldsymbol{R} \boldsymbol{X} (1 - \boldsymbol{R}) + (1 - \boldsymbol{R}) \boldsymbol{X}^{+} \boldsymbol{R} , \tag{A 9}$$

wobei $\boldsymbol{X}$ eine beliebige quadratische Matrix ist.

2. Die Gradientenmethode (*87*)

Die Gradientenmethode sei hier am Beispiel des Eigenwertproblems $\boldsymbol{H}\boldsymbol{c}=E\boldsymbol{c}$ erläutert, das gleichbedeutend ist mit der Bestimmung des stationären Wertes des Ausdrucks

$$E=\boldsymbol{c}^{+}\boldsymbol{H}\boldsymbol{c}\,/\,\boldsymbol{c}^{+}\boldsymbol{c}\,. \tag{A 10}$$

Gl. (A 10) definiert eine Fläche im $(n+1)$-dimensionalen Raum, und die Lösung des Eigenwertproblems besteht in der Bestimmung der Richtung und der Länge eines Vektors $\delta\boldsymbol{c}$, der ein möglichst schnelles Fortschreiten von einem beliebigen, durch $\boldsymbol{c}$ definierten Punkt auf dieser Fläche zu einem Punkt, in dem E stationär ist, gestattet.

Ist $\boldsymbol{c}$ eine Näherungslösung, für welche $\boldsymbol{c}^{+}\boldsymbol{c}=\boldsymbol{1}$ gilt, so geht E durch die Änderung $\delta\boldsymbol{c}$ über in

$$E+\delta E=\frac{\boldsymbol{c}^{+}\boldsymbol{H}\boldsymbol{c}+\delta\boldsymbol{c}^{+}\boldsymbol{H}\boldsymbol{c}+\boldsymbol{c}^{+}\boldsymbol{H}\,\delta\boldsymbol{c}+\delta\boldsymbol{c}^{+}\boldsymbol{H}\,\delta\boldsymbol{c}}{1+\delta\boldsymbol{c}^{+}\boldsymbol{c}+\boldsymbol{c}^{+}\delta\boldsymbol{c}+\delta\boldsymbol{c}^{+}\delta\boldsymbol{c}}\,, \tag{A 11}$$

und unter Vernachlässigung der Terme 2. Ordnung in $\delta\boldsymbol{c}$ ergibt sich

$$\delta E=\delta\boldsymbol{c}^{+}(\boldsymbol{H}\boldsymbol{c}-E\,\boldsymbol{c})+\boldsymbol{c}^{+}(\boldsymbol{H}\,\delta\boldsymbol{c}-E\,\delta\boldsymbol{c})\,,$$

bzw., da $\boldsymbol{H}$ symmetrisch sein soll,

$$\delta E=2\,\delta\boldsymbol{c}^{+}(\boldsymbol{H}\boldsymbol{c}-E\,\boldsymbol{c})\,. \tag{A 12}$$

Das Skalarprodukt nimmt den größten negativen Wert an, d.h. man erzielt das schnellste Fortschreiten in Richtung des Minimums von E, wenn die Vektoren $\delta\boldsymbol{c}$ und $(\boldsymbol{H}\boldsymbol{c}-E\,\boldsymbol{c})$ antiparallel sind, wenn also

$$\delta\boldsymbol{c}=-\lambda\boldsymbol{r} \tag{A 13}$$

mit

$$\boldsymbol{r}=(\boldsymbol{H}\boldsymbol{c}-E\,\boldsymbol{c})\quad\text{und}\quad\lambda>0 \tag{A 14}$$

ist.

Die günstigste Länge des Vektors und damit der Wert des Parameters λ folgt aus der Beziehung $\frac{\partial}{\partial\lambda}(E+\delta E)=0$. Nach Gl. (A 11) ist

$$E+\delta E=\frac{E-2\,\lambda\,\boldsymbol{r}^{+}\boldsymbol{H}\boldsymbol{c}+\lambda^{2}\,\boldsymbol{r}^{+}\boldsymbol{H}\boldsymbol{r}}{1+\lambda^{2}\,\boldsymbol{r}^{+}\boldsymbol{r}}$$

und die Differentiation nach λ und Nullsetzen des Ergebnisses gibt

$$-\boldsymbol{r}^+ \boldsymbol{H} \boldsymbol{c} + \lambda \boldsymbol{r}^+ (\boldsymbol{H} \boldsymbol{r} - E \boldsymbol{r}) + \lambda^2 \boldsymbol{r}^+ \boldsymbol{H} \boldsymbol{c} \boldsymbol{r}^+ \boldsymbol{r} = 0$$

Diese Gleichung läßt sich wegen $\boldsymbol{r}^+ E \boldsymbol{c} = E(\boldsymbol{c}^+ \boldsymbol{H} \boldsymbol{c} - E \boldsymbol{c}^+ \boldsymbol{c}) = 0$ auch in der Form

$$\lambda^2 (\boldsymbol{r}^+ \boldsymbol{r})^2 + \lambda \boldsymbol{r}^+ (\boldsymbol{H} \boldsymbol{r} - E \boldsymbol{r}) - (\boldsymbol{r}^+ \boldsymbol{r}) = 0 \tag{A 15}$$

schreiben. Hier interessiert die positive Wurzel dieser Gleichung, die im allgemeinen klein sein wird, so daß in ausreichender Näherung

$$\lambda = \frac{\boldsymbol{r}^+ \boldsymbol{r}}{\boldsymbol{r}^+ (\boldsymbol{H} \boldsymbol{r} - E \boldsymbol{r})} \tag{A 16}$$

gilt. Die Gradientenmethode zur Lösung des Eigenwertproblems $\boldsymbol{H} \boldsymbol{c} = E \boldsymbol{c}$ besteht also darin, ausgehend von einer normierten Näherungslösung $\boldsymbol{c}_0$ die Größen $E_0 = \boldsymbol{c}_0^+ \boldsymbol{H} \boldsymbol{c}_0$, $\boldsymbol{r}_0 = \boldsymbol{H} \boldsymbol{c}_0 - E_0 \boldsymbol{c}_0$ und $\lambda = \boldsymbol{r}_0^+ \boldsymbol{r}_0 / [\boldsymbol{r}_0^+ (\boldsymbol{H} \boldsymbol{r}_0 - E \boldsymbol{r}_0)]$ zu berechnen. Eine verbesserte Näherung für die Lösung ist dann gegeben durch $\boldsymbol{c}_1 = \boldsymbol{c}_0 - \lambda \boldsymbol{r}_0$. Nachdem $\boldsymbol{c}_1$ normiert worden ist, wird der Iterationszyklus wiederholt, solange bis E_k und $\boldsymbol{c}_k$ sich beliebig wenig von E_{k-1} und $\boldsymbol{c}_{k-1}$ unterscheiden.

Die Anwendung der Gradientenmethode auf die Lösung der SCF-Gleichungen sei am Beispiel eines Systems mit abgeschlossenen Schalen erläutert: Aus Gl. (II—19) folgt mit Gl. (II—21), daß bei einer Variation $\delta \boldsymbol{R}$ das schnellste Fortschreiten in Richtung auf das Minimum von E durch

$$\boldsymbol{X} = -\lambda [(\boldsymbol{1} - \boldsymbol{R}) \boldsymbol{F} \boldsymbol{R}]^+ = -\lambda \boldsymbol{R} \boldsymbol{F} (\boldsymbol{1} - \boldsymbol{R})$$

erzielt wird[20]. Mit $\boldsymbol{s} = \boldsymbol{R} \boldsymbol{F} (\boldsymbol{1} - \boldsymbol{R})$ gilt daher für die beste Variation $\delta \boldsymbol{R}$

$$\delta \boldsymbol{R} = -\lambda (\boldsymbol{s} + \boldsymbol{s}^+) = -\lambda \boldsymbol{L} \tag{A 17}$$

Um λ bestimmen zu können, muß δE bis zur 2. Ordnung in λ bekannt sein. Berücksichtigt man den Term. 2. Ordnung in Gl. (A 6), so ergibt sich mit $(\delta \boldsymbol{R}\, \delta \boldsymbol{R})_{11} = \lambda^2 \boldsymbol{R} \boldsymbol{L} \boldsymbol{L} \boldsymbol{R} = \lambda^2 \boldsymbol{s} \boldsymbol{s}^+$, $(\delta \boldsymbol{R}\, \delta \boldsymbol{R})_{22} = \lambda^2 \boldsymbol{s}^+ \boldsymbol{s}$ und $(\delta \boldsymbol{R}\, \delta \boldsymbol{R})_{12} = (\delta \boldsymbol{R}\, \delta \boldsymbol{R})_{21} = \boldsymbol{0}$

$$\delta \boldsymbol{R} = -\lambda (\boldsymbol{s} + \boldsymbol{s}^+) + \lambda^2 (\boldsymbol{s} + \boldsymbol{s}^+)(\boldsymbol{s} - \boldsymbol{s}^+) = -\lambda \boldsymbol{L} + \lambda^2 \boldsymbol{L} \boldsymbol{M} . \tag{A 18}$$

---

[20] Faßt man die $m \times m$-Matrix $\boldsymbol{A}$ als Vektor der Dimension m^2 auf, so ist ein Skalarprodukt durch $\boldsymbol{A} \cdot \boldsymbol{B} = \sum_{\mu,\nu} A^*_{\nu\mu} B_{\mu\nu} = Sp\, \boldsymbol{A}^+ \boldsymbol{B}$ definiert; es nimmt seinen größten negativen Wert an für $\boldsymbol{A} = -\lambda \boldsymbol{B}$.

Unter Berücksichtigung nur der Glieder bis zur 2. Ordnung in λ erhält man aus Gl. (II—17)

$$\begin{aligned}\delta E &= 2\, Sp\, \boldsymbol{F}\, \delta \boldsymbol{R} + Sp\, \boldsymbol{G}(\delta \boldsymbol{R})\, \delta \boldsymbol{R} \\ &= -2\lambda\, Sp\, \boldsymbol{F}\boldsymbol{L} + 2\lambda^2\, Sp\, \boldsymbol{F}\boldsymbol{L}\boldsymbol{M} + \lambda^2\, Sp\, \boldsymbol{G}(\boldsymbol{L})\, \boldsymbol{L}\,,\end{aligned}$$

wobei $\boldsymbol{G}(\boldsymbol{L})$ nach Gl. (II—15) durch $[\boldsymbol{G}(\boldsymbol{L})]_{\mu\nu} = \sum_{\varkappa,\lambda} (\boldsymbol{L})_{\varkappa\lambda} \cdot [2(\varkappa\lambda|\mu\nu) - (\varkappa\nu|\mu\lambda)]$ gegeben ist. Aus $\frac{\partial}{\partial\lambda}(E + \delta E) = 0$ ergibt sich damit

$$\lambda = \frac{Sp\, \boldsymbol{F}\boldsymbol{L}}{2\, Sp\, \boldsymbol{F}\boldsymbol{L}\boldsymbol{M} + Sp\, \boldsymbol{G}(\boldsymbol{L})\, \boldsymbol{L}}. \tag{A 19}$$

VIII. Literatur

1. *Ahlrichs, R., W. Kutzelnigg*, and *W. A. Bingel:* On the Solution of the Quantum Mechanical Two-Electron Problem by Direct Calculation of the Natural Orbitals. III. Refined Treatment of the Helium-Atom and the Helium-like Ions. Theoret. Chim. Acta *5*, 289 (1966).
2. — — — On the Solution of the Quantum Mechanical Two-Electron Problem by Direct Calculation of the Natural Orbitals. IV. Application to the Ground State of the Hydrogen Molecule in a One-center Expansion. Theoret. Chim. Acta *5*, 305 (1966).
3. *Allen, T. L.*, and *H. Shull:* Electron Pairs in the Beryllium Atom. J. Phys. Chem. *66*, 2281 (1962).
4. *Amos, A. T.*, and *G. G. Hall:* Single Determinant Wave Functions. Proc. Roy. Soc. (London) Ser. A *263*, 483 (1961).
5. *Ballinger, R. A.:* The Electronic Structure of Hydrogen Fluoride. Mol. Phys. *2*, 139 (1959).
6. *Barnett, G. P., J. Linderberg*, and *H. Shull:* Approximate Natural Orbitals for Four-Electron Systems. J. Chem. Phys. *43*, S 80 (1965).
7. *Ben Jemia, H.*, et *R. Lefèbvre:* Sue le Calcul des Densités de Spin des Radicaux Aromatiques. J. Chim. Phys. *59*, 754 (1962).
8. *Bishop, D. M.:* Single Center Molecular Wave Functions. Advan. Quantum Chem. *3*, 25 (1967).
9. *Boys, S. F.:* Electronic Wave Functions. I. A General Method of Caculation for the Stationary States of Any Molecular System. Proc. Roy. Soc. (London) Ser. A *200*, 542 (1950).
10. — Construction of Some Molecular Orbitals to Be Approximately Invariant for Changes from One Molecule to Another. Rev. Mod. Phys. *32*, 296 (1960).
11. —, and *G. B. Cook:* Mathematical Problems in the Complete Quantum Predictions of Chemical Phenomena. Rev. Mod. Phys. *32*, 285 (1960).
12. *Brown, R. D.*, and *M. L. Heffernan:* Study of Formaldehyde by a Self-Consistent Electronegativity Molecular-Orbital Method. Trans. Faraday. Soc. *54*, 757 (1958).

13. *Cade, P. E., K. D. Sales,* and *A. C. Wahl:* Electronic Structure of Diatomic Molecules. III. A. Hartree-Fock-Wavefuncitons and Energy Quantities for $N_2 (X\,^1\Sigma_g^+)$ and $N_2^+ (X\,^2\Sigma_g^+, A\,^2\Pi_u, B\,^2\Sigma_u^+$ Molecular Ions. J. Chem. Phys. *44,* 1973 (1966).
14. *Carlson, B. C.,* and *J. M. Keller:* Orthogonalization Procedures and the Localization of Wannier Functions. Phys. Rev. *105,* 102 (1957).
15. *Carlson, K. D.,* and *P. N. Skancke:* On the Correlation Energy in the CH_4 Molecule. J. Chem. Phys. *40,* 613 (1964).
16. *Carrington, A., F. Dravnieks,* and *M. C. R. Symons:* Unstable Intermediates. IV. Electron Spin Resonance Studies of Univalent Aromatic Hydrocarbon Ions. J. Chem. Soc. *1959,* 947.
17. *Chung, A. L. H.,* and *M. J. S. Dewar:* Ground States of Conjugated Molecules. I. Semiempirical SCF-MO Treatment and Its Application to Aromatic Hydrocarbons. J. Chem. Phys. *42,* 756 (1965).
18. *Clementi, E.:* Dissociation Energy Computations in Diatomic Molecules: An Example. J. Chem. Phys. *38,* 2780 (1963).
19. — Correlation Energy in the CH_4 Molecule. J. Chem. Phys. *39,* 487 (1963).
20. — Simple Basis Set for Molecular Wavefunctions Containing First-and Second-Row Atoms. J. Chem. Phys. *40,* 1944 (1964).
21. — Ab initio Computations in Atoms and Molecules. IBM J. Res. Develop. *9,* 2 (1965).
22. —, and *D. L. Raimondi:* Atomic Screening Constants from SCF Functions. J. Chem. Phys. *38,* 2686 (1963).
23. *Csizmadia, I. G., M. C. Harrison, J. W. Moskowitz,* and *B. T. Sutcliffe:* Non-Empirical LCAO-MO-SCF-CI Calculations On Organic Molecules with Gaussian Type Functions. Theoret. Chim. Acta *6,* 191 (1966).
24. *Dearman, H. H.,* and *R. Lefebvre:* Method of Alternant Orbitals for Allyl. J. Chem. Phys. *34,* 72 (1961).
25. *Dewar, M. J. S.:* Chemical Reactivity. Advan. Chem. Phys. *VIII,* 65 (1965).
26. —, and *N. L. Hojvat:* The SPO (Split-p-Orbital) Method and Its Application the Ethylene. J. Chem. Phys. *34,* 1232 (1961).
27. —, and *G. Gleicher:* Ground States of Conjugated Molecules. II. Allowance for Molecular Geometry. J. Am. Chem. Soc. *87,* 685 (1965).
28. — — Ground States of Conjugated Molecules. III. Classical Polyenes. J. Am. Chem. Soc. *87,* 692 (1965).
29. — — Ground States of Conjugated Molecules. IV. Estimation of Chemical Reactivity. J. Am. Chem. Soc. *87,* 4414 (1965).
30. — — Ground States of Conjugated Molecules. V. Fused Cyclobutadienes. Tetrahedron *21,* 1817 (1965).
31. — — Ground States of Conjugated Molecules. VI. Calicene Derivatives. Tetrahedron *21,* 3423 (1965).
32. — — Ground States of Conjugated Molecules. VII. Compounds Containing Nitrogen and Oxygen. J. Chem. Phys. *44,* 759 (1966).
33. —, and *H. N. Schmeising:* Resonance and Conjugation II. Factors Determining Bond Lengths and Heats of Formation. Tetrahedron *11,* 96 (1960).
34. *Edmiston, C.:* Relation of Sinanoglu's Theory of Exact Pairs to the First Iteration, beyond SCF, in Separated-Pair Theory. J. Chem. Phys. *39,* 2394 (1963).
35. —, and *K. Ruedenberg:* Localized Atomic and Molecular Orbitals. I. Rev. Mod. Phys. *35,* 457 (1963).

36. — — Localized Atomic and Molecular Orbitals. II. J. Chem. Phys. *43*, S 97 (1965).
37. *Fischer-Hjalmars, I.:* A General Scheme for the Determination of Semiempirical Parameters in the Molecular Orbital Theory of Conjugated Systems. In: Molecular Orbitals in Chemistry, Physics and Biology, p. 361. New York: Academic Press 1964.
38. — Zero Differential Overlap in π-Electron-Theories. Advan. Quantum Chem. *2*, 25 (1965).
39. — Orbital Basis of Zero Differential Overlap. In: Modern Quantum Chemistry, I. 185. New York: Academic Press 1965.
40. *Goeppert-Mayer, M.*, and *A. L. Sklar:* Calculations of the Lower Excited Levels of Benzene. J. Chem. Phys. *6*, 645 (1938).
41. *Grimaldi, F.:* Correlation Energy Calculation for the $^1\Sigma_g^+$ Ground State of the Nitrogen Molecule. J. Chem. Phys. *43*, S 59 (1965).
42. *Hall, G. G.*, and *A. T. Amos:* Molecular Orbital Theory of the Spin Properties of Conjugated Molecules. Advan. Atom. Mol. Phys. *1*, 1 (1965).
43. *Harrison, M. C.:* Gaussian Wavefunctions for the 10-Electron Systems I. Neon. J. Chem. Phys. *41*, 495 (1964).
44. — Gaussian Wavefunctions for the 10-Electron Systems II. Hydrogen Fluoride. J. Chem. Phys. *41*, 499 (1964).
45. *Hartmann, H.*, and *E. Clementi:* Relativistic Correction for Analytic Hartree-Fock Wave Functions. Phys. Rev. *133*, A 1295 (1964).
46. *de Heer, J.* and *R. Pauncz:* Studies on the Alternant Molecular Orbital Method. V. A. Many-Parameter Energy Expression for States with Different Multiplicities; Application to Benzene. J. Chem. Phys. *39*, 2314 (1963).
47. *Heilbronner, E.:* Grundbegriffe der Theorie der Elektronenspektren von π-Elektronensystemen. In: Opt. Anregung organischer Systeme S. 11. Verlag: Chemie 1966.
48. *Hoijtink, G. J.:* Electron Spin Densities in Alternant Hydrocarbon Mononegative and Mono-positive Ions and in Odd Alternant Hydrocarbon Radicals. Mol. Phys. *1*, 157 (1958).
49. —, *J. Townsend*, and *S. I. Weissman:* Spin Density in Pyrene Negative Ion. J. Chem. Phys. *34*, 507 (1961).
50. *Houser, T. J.*, *P. G. Lykos*, and *E. L. Mehler:* One-Center Wavefunction for the Hydrogen Molecule Ion. J. Chem. Phys. *38*, 583 (1963).
51. *Hoyland, J. R.*, and *L. Goodman:* Open-Shell Wave Functions for Conjugated Hydrocarbons. J. Chem. Phys. *34*, 1446 (1961).
52. *Hückel, E.:* Quantentheoretische Beiträge zum Benzolproblem. I. Die Elektronenkonfiguration des Benzols und verwandter Verbindungen. Z. Physik *70*, 204 (1931).
53. *Hurley, A. C.*, *J. E. Lennard-Jones*, and *J. A. Pople:* The Molecular Orbital Theory of Chemical Valency. XVI. A Theory of Paired-Electrons in Polyatomic Molecules. Proc. Roy. Soc. (London) Ser. A *220*, 446 (1953).
54. *Huzinaga, S.:* Gaussian-Type Functions for Polyatomic Systems. I. J. Chem. Phys. *42*, 1293 (1965).
55. *Hylleraas, E. A.:* Neue Berechnung der Energie des Heliums im Grundzustand, sowie des tiefsten Terms von Ortho-Helium. Z. Physik *54*, 347 (1929).
56. *I'Haya, Y.:* Recent Developments in the Generalized Hückel Method Advan. Quantum Chem. *1*, 203 (1964).
57. *Karo, A. M.*, and *L. C. Allen:* LCAO Wave Functions for Hydrogen Fluoride with Hartree-Fock Atomic Orbitals. J. Chem. Phys. *31*, 968 (1959).

58. *Klessinger, M.:* Self-Consistent Group Calculations on Polyatomic Molecules. II. Hybridization and Optimum Orbitals in H_2O. J. Chem. Phys. *43,* S 117 (1965).
59. — Pariser-Parr-Pople-Rechnungen an Molekülen mit Aminogruppen I. Die Parameter der Aminogruppe. Theoret. Chim. Acta *5,* 236 (1966).
60. — Pariser-Parr-Pople-Rechnungen an Molekülen mit Aminogruppen II. Cyanine, Merocyanine und Quadrupol-Merocyanine. Theoret. Chim. Acta *5,* 251 (1966).
61. — Triple Bond in N_2 and CO. J. Chem. Phys. *46,* (1967) (im Druck).
62. —, and *R. McWeeny:* Self-Consistent Group Calculations on Polyatomic Molecules I. Basic Theory with an Application to Methane. J. Chem. Phys. *42,* 3343 (1965).
63. *Kon, H.:* A Semi-Empirical Approach to the SCF Molecular Orbitals. Bull. Chem. Soc. Japan *28,* 275 (1955).
64. *Koutecký, J., P. Hochman,* and *J. Michl:* Calculation of Electronic Spectra of Nonalternant Conjugated Hydrocarbons by the Semiempirical Method of Limited Configuration Interaction. J. Chem. Phys. *40,* 2439 (1964).
65. — Applicability of the Hückel and Pariser-Parr-Type Methods. In: Modern Quantum Chemistry, *I,* 171. New York: Academic Press 1965.
66. — Extended CI Calculation on Benzene. In: Modern Quantum Chemistry *I,* 215. New York: Academic Press 1965.
66a.— Unrestricted Hartiee-Fock Solutions for Closed-Shell Molecules. J. Chem. Phys. *46,* 2443 (1967).
67. *Krauss, M.:* Hartree-Fock-Approximation of CH_4 and NH_4^+. J. Chem. Phys. *38,* 564 (1963).
68. *Kutzelnigg, W.:* Zur Verwendung der vollständigen Laguerre-Funktionen bei quantenchemischen Rechnungen. Theoret. Chim. Acta *1,* 257 (1963).
69. — Die Lösung des quantenmechanischen Zwei-Elektronenproblems durch unmittelbare Bestimmung der natürlichen Einelektronenfunktionen. Theoret. Chim. Acta *1,* 327 (1963).
70. — On the Validity of the Electron-Pair Approximation for the Beryllium Ground State. Theoret. Chim. Acta 3, 241 (1965).
71. — Methoden und Erkenntnisse der Quantenchemie I. Angew. Chem. *78,* 789 (1966).
72. *Lennard-Jones, J. E.,* and *J. A. Pople:* The Molecular Orbital Theory of Chemical Valency IV. The Significance of Equivalent Orbitals. Proc. Roy. Soc. (London) Ser. A *202,* 166 (1950).
73. *Löwdin, P. O.:* Quantum Theory of Many-Particle Systems. I. Physical Interpretations by Means of Density Matrices, Natural Spin Orbitals, and Convergence Problems in the Method of Configurational Interaction. Phys. Rev. *97,* 1474 (1955).
74. — Quantum Theory of Many-Particle Systems. II. Study of the Ordinary Hartree-Fock Approximation. Phys. Rev. *97,* 1490 (1955).
75. — Quantum Theory of Many-Particle Systems. III. Extension of the Hartree-Fock-Schema to Include Degenerate Systems and Correlation Effects. Phys. Rev. *97,* 1509 (1955).
76. — On the Non-Orthogonality Problem Connected with the Use of Atomic Wave Functions in the Theory of Molecules and Crystals. J. Chem. Phys. *18,* 365 (1950).
77. — Correlation Problem in Many-Electron Quantum Mechanics. Advan. Chem. Phys. *II,* 207 (1959).
78. — Note on the Separability Theorem for Electron Pairs. J. Chem. Phys. *35,* 78 (1961).

79. — Band Theory, Valence Bond, and Tight-Binding Calculations. J. Appl. Phys. *33*, 251 (1962).
80. *Lykos, P. G.*, and *R. G. Parr:* On the Pi-Electron Approximation and Its Possible Refinement. J. Chem. Phys. *24*, 1166; *25*, 1301 (1956).
81. *Mataga, N.*, and *K. Nishimoto:* Electronic Structure and Spectra of Nitrogen Heterocycles. Z. Physik. Chem. NF *13*, 140 (1957).
82. *McConnell, H.M.:* Electron Densities in Semiquinones by Paramagnetic Resonance. J. Chem. Phys. *24*, 632 (1956).
83. *McEwen, K.L.:* Electronic Structures and Spectra of Some Nitrogen-Oxygen Compounds. J. Chem. Phys. *34*, 547 (1961).
84. *McLachlan, A.D.:* Self-Consistent Field Theory of the Electron Spin Distribution in π-electron Radicals. Mol. Phys. *3*, 233 (1960).
85. *McWeeny, R.:* The Valence-Bond Theory of Molecular Structure II. Reformulation of the Theory. Proc. Roy. Soc. (London) Ser. A *223*, 306 (1954).
86. — MIT. Solid State and Molecular Theory Group, Quart. Prog. Report *11*, 25 (1954).
87. —The Density Matrix in Self-Consistent Field Theory I. Iterative Construction of the Density Matrix. Proc. Roy. Soc. (London) Ser. A *235*, 496 (1956).
88. — The Density Matrix in Self-Consistent Field Theory III. Generalizations of the Theory. Proc. Roy. Soc. (London) Ser. A *241*, 239 (1957).
89. — Some Recent Advances in Density Matrix Theory. Rev. Mod. Phys. *32*, 335 (1960).
90. — The Self-Consistent Generalization of Hückel Theory. In: Molecular Orbitals in Chemistry, Physics and Biology p. 305. New York: Academic Press 1964.
91. —, and *B.T. Sutcliffe:* The Density Matrix in Many-Electron Quantum Mechanics III. Generalized Product Functions for Beryllium and Four-Electron Ions. Proc. Roy. Soc. (London) Ser. A *273*, 103 (1963).
92. —, and *E. Steiner:* The Theory of Pair-Correlated Wave Funktions. Advan. Quantum Chem. *2*, 93 (1965).
93. *Miller, K. J.*, and *K. Ruedenberg:* Electron Correlation and Electron-Pair Wavefunction for the Beryllium Atom. J. Chem. Phys. *43*, S 88 (1965).
94. *Moccia, R.:* One-Center Basis Set SCF MO's I. HF, CH_4, SiH_4. J. Chem. Phys. *40*, 2164 (1964).
95. — One-Center Basis Set SCF MO's II. NH_3, NH_4^+, PH_3, PH_4^+. J. Chem. Phys. *40*, 2176 (1964).
96. — One-Center Basis Set SCF MO's III. H_2O, H_2S and HCl J. Chem. Phys. *40*, 2186 (1964).
97. *Moffitt, W.:* The Electronic Spectra of Cata-Condensed Hydrocarbons. J. Chem. Phys. *22*, 320 (1954).
98. *Moser, C.M.:* The π-Energy Levels of Ethylene. J. Chem. Phys. *21*, 2098 (1953).
99. *Moskowitz, J.W.:* Correlation Energy of Ethylene and Acetylene. J. Chem. Phys. *43*, 60 (1965).
100. *Mulliken, R.S.*, *C.A. Rieke*, and *W.G. Brown:* Hyperconjugation. J. Am. Chem. Soc. *63*, 41 (1941).
101. — Criteria for the Construction of Good Self-Consistent-Field Molecular Orbital Wave Functions, and the Significance of LCAO-MO Population Analysis. J. Chem. Phys. *36*, 3428 (1962).
102. *Nesbet, R.K.:* Approximate Hartree-Fock Calculations for the Hydrogen Fluoride Molecule. J. Chem. Phys. *36*, 1518 (1962).
103. — Electronic Structure of N_2, CO and BF. J. Chem. Phys. *40*, 3619 (1964).

104. — Electronic Correlation in Atoms and Molecules. Advan. Chem. Phys. *IX*, 321 (1965).
105. —, and *R.E. Watson:* Approximate Wave Functions for the Ground State of Helium. Phys. Rev. *110*, 1073 (1958).
106. *Nishimoto, K.*, and *L.S. Forster:* SCF Calculations of Aromatic Hydrocarbons. The Variable ß-Approximation. Theoret. chim. Acta *3*, 407 (1965).
107. *Ohno, K.:* Some Remarks on the Pariser-Parr-Pople-Method. Theoret. Chim. Acta *2*, 219 (1964).
108. *Palke, W.E.*, and *W.N. Lipscomb:* Molecular SCF-Calculations on CH_4, C_2H_2, C_2H_4, C_2H_6, BH_3, B_2H_6, NH_3 and HCN. J. Am. Chem. Soc. *88*, 2384 (1966).
109. *Pariser, R.:* An Improvement in the π-Elektron Approximation in LCAO MO Theory. J. Chem. Phys. *21*, 568 (1953).
110. — Theory of the Electronic Spectra and Structure of the Polyacenes and of Alternant Hydrocarbons. J. Chem. Phys. *24*, 250 (1956).
111. —, and *R.G. Parr:* A Semi-Empirical Theory of the Electronic Spectra and Electronic Structure of Complex Unsaturated Molecules. I, II. J. Chem. Phys. *21*, 466, 767 (1953).
112. *Parks, J.M.*, and *R.G. Parr:* Theory of Electronic Excitation and Reorganization in the Formaldehyde Molecule. J. Chem. Phys. *32*, 1657 (1960).
113. *Parr, R.G.:* A Method for Estimating Electronic Repulsion Integrals over LCAO-MO's in Complex Unsaturated Molecules. J. Chem. Phys. *20*, 1499 (1952).
114. — Quantum Theory of Molecular Electronic Structure. New York: Benjamin 1963.
115. —, and *G. Del Re:* Toward an Improved π Electron-Theory. Rev. Mod. Phys. *35*, 604 (1963).
116. —, and *R. Pariser:* On the Electronic Structure and Electronic Spectra of Ethylene-Like Molecules. J. Chem. Phys. *23*, 711 (1955).
117. *Pauncz R.:* The Alternant Molecular Orbital Method and the Correlation Problem. In: Molecular Orbitals in Chemistry Physics and Biology, p. 433. New York: Academic Press 1964.
118. *Pople, J.A.:* Electron Interaction in Unsaturated Hydrocarbons. Trans. Faraday Soc. *49*, 1375 (1953).
119. —, and *R.K. Nesbet:* Self-Consistent Orbitals for Radicals. J. Chem. Phys. *22*, 571 (1954).
120. *Pitzer, R.M.*, and *W.N. Lipscomb:* Calculation of the Barrier to Internal Rotation in Ethane. J. Chem. Phys. *39*, 1995 (1963).
121. *Preuss, H.:* Ein neues Programm zur quantentheoretischen Berechnung von Molekülen und Atomsystemen. Mol. Phys. *8*, 157 (1964).
122. — Das SCF-LCGO-MO-Verfahren: I. Die Methode. Z. Naturforsch. *19a*, 1335 (1964).
123. — Das SCF-LCGO-MO-Verfahren: II. Das H_2-Molekül; III. Das H_3^+-Molekül. Z. Naturforsch. *20a*, 17, 21 (1965).
124. *Roothaan, C.C.J.:* New Developments in Molecular Orbital Theory. Rev. Mod. Phys. *23*, 69 (1951).
125. — Self-Consistent Field Theory for Open Shells of Electronic Systems. Rev. Mod. Phys. *32*, 179 (1960).
126. *Ruedenberg, K.*, and *E.L. Mehler:* unveröffentlicht.
127. *Rutledge, R.M.*, and *A.F. Saturno:* One-Center-Expansion-Configuration-Interaction Studies on CH_4 and NH_3. J. Chem. Phys. *44*, 977 (1966).
128. *Shull, H.*, and *P.O. Löwdin:* Superposition of Configurations and Natural Spin Orbitals. Applications to the He Problem. J. Chem. Phys. *30*, 617 (1959).

129. *Sinanoglu, O.:* Many-Electron Theory of Atoms, Molecules and Their Interactions. Advan. Chem. Phys. *VI*, 315 (1964).
130. —, and *M.K. Orloff:* The Pi-Electron Approximation and Coulomb Repulsion Parameters. In: Modern Quantum Chemistry, *I*, 221. New York: Academic Press 1965.
131. *Slater, J.C.:* Atomic Shielding Constants. Phys. Rev. *36*, 57 (1930).
132. — Molecular Energy Levels and Valence Bonds. Phys. Rev. *38*, 1109 (1931).
133. *Snyder, L.C.*, and *A.T. Amos:* Unrestricted Hartree-Fock Calculations I. An Improved Method of Computing Spin Properties. J. Chem. Phys. *41*, 1773 (1964).
134. *Streitwieser jr., A.:* Molecular Orbital Theory for Organic Chemistry. New York: Wiley 1961.
135. *Watson, R.E.*: Approximate Wave Functions for Atomic Be. Phys. Rev. *119*, 170 (1960).
136. *Whitten, J.L.:* Gaussian Lobe Function Expansions of Hartree-Fock-Solutions for the First-Row Atoms and Ethylene. J. Chem. Phys. *44*, 359 (1966).
137. *Wolfsberg, M.*, and *L. Helmholz:* The Spectra and Electronic Structure of Tetrahedral Ions MnO_4^-, CrO_4^-, and ClO_4^-. J. Chem. Phys. *20*, 837 (1952).
138. *Woznick, B.J.:* Self-Consistent Field Calculation of the Ground State of Methane. J. Chem. Phys. *40*, 2860 (1964).

Eingegangen am 18. August 1967

Elektronegativität der Valenzzustände

Dr. Jürgen Hinze

Department of Physics, The University of Chicago, Chicago, Ill., USA

Inhalt

1. Der Elektronegativitäts-Begriff

a) Einführung

„Bei Beschreibung der einfachen Körper ist es eine sehr große Erleichterung für das Gedächtnis, sie, nach irgendeinem Principe, in mehrere Klassen einzuteilen. Die Gründe für eine solche Einteilung können mehrfach sein. Die Wahl beruht auf dem Endzwecke, den man beabsichtigt . . . Der Sauerstoff geht immer und ohne Ausnahme zu dem positiven, und Kalium immer und ohne Ausnahme zu dem negativen Pole (in der Elektrolyse einer Flüssigkeit). Dies gibt uns eine Art an, die Körper zwischen diesen beiden Extremen zu ordnen, je nachdem sie bei Zersetzung ihrer Verbindungen häufiger zu

dem einen als zu dem anderen Pole gehen, und wodurch eine Reihe zwischen Sauerstoff und Kalium entsteht, in welcher die Körper der einen Hälfte elektronegative Körper . . ., und die andere Hälfte elektropositive . . . genannt werden können; und diese Reihe bildet, richtig aufgestellt, die Basis für die Chemie, als ein wissenschaftliches System von Tatsachen und deren Ursachen."

Mit diesen Sätzen hat *Berzelius* 1835 die Elektronegativität als ordnendes Prinzip in die Chemie eingeführt (*4*). Doch da diese Definition (eigentlich des elektrochemischen Potentials) in der organischen Chemie nicht anwendbar schien, wurde die „Elektronegativität" vergessen.

Erst 80 Jahre später erkannte *Michael* (*71*) die Bedeutung eines solchen ordnenden Prinzipes für die organische Chemie, und er stellte, ausgehend von der Markownikow-Regel, eine relative Elektronegativitätsskala der Halogene auf. Sie wurde von *Kharasch* (*61, 62*) verallgemeinert, der vorschlug, die relative Elektronegativität zweier beliebiger Gruppen, R und R′, durch die Reaktion

$$\mathrm{RHgR' + HCl \rightarrow RHgCl + HR'}$$

zu bestimmen, wobei R′ elektronegativer als R ist.

b) Paulings Einfluß

Es blieb dem Genius von *Pauling* vorbehalten, die Elektronegativität allgemein zu definieren (*81, 82, 85*) als die Fähigkeit eines Atoms, in einem Molekül Elektronen an sich zu ziehen:

the power of an atom in a molecule to attract electrons to itself.

Gleichzeitig fand *Pauling* eine Methode, mit der die Elektronegativitätswerte der Atome bestimmt werden konnten, und er demonstrierte deren Nützlichkeit in der Chemie. Damit wurde *Pauling* zum eigentlichen Begründer des Elektronegativitätsbegriffes, wie er jetzt allgemein in der Chemie akzeptiert wird.

Pauling postulierte, daß die Dissoziationsenergie, D_{ab}, der Einfachheit halber hier eines zweiatomigen Moleküls $a—b$[1], in einen kovalenten und einen ionischen Anteil aufgeteilt werden kann, wobei der kovalente Teil das Mittel der kovalenten „normal Dissoziationsenergie" der Moleküle $a—a$ und $b—b$ sein soll,

$$D_{ab} = \Delta_{ab} + \tfrac{1}{2}(D_{aa} + D_{bb}), \qquad (1)$$

und Δ_{ab} die *extra-ionische Resonanzenergie* ist. Daraufhin fand er empirisch, daß $\sqrt{\Delta_{ab}}$ eine additive Größe, die für die Atome charakteristisch ist,

[1] Dies bezieht sich natürlich nur direkt auf Einfachbindungen.

darstellt, d.h. zum Beispiel:

$$\sqrt{\Delta_{\mathrm{HCl}}} = \sqrt{\Delta_{\mathrm{HI}}} + \sqrt{\Delta_{\mathrm{ICl}}} \tag{2}$$

In Tabelle 1 sind die Werte einiger extra ionischer Resonanzenergien aufgeführt, und Tabelle 2 zeigt, wie gut die Beziehung, Gl. (2), erfüllt ist.

Tabelle 1. *D = Dissoziationsenergie; Δ und Δ' extra ionische Resonanzenergie nach Gl. (1) und (4). $\Delta\chi_p = 0{,}208\sqrt{\Delta}$; $\Delta\chi'_p = 0{,}18\sqrt{\Delta'}$; χ_a, χ_b und $\Delta\chi = |\chi_a - \chi_b|$ sind die Elektronegativitätswerte nach Mulliken (siehe Tabelle 3); μ = Dipolmoment in Debye; r = Bindungsabstand in Å; k_{exp} = experimentelle Valenzschwingungs-Kraftkonstante in* dyne/cm·10^5; *k_{theo} = nach Gl. 6 errechnete Kraftkonstante*

	D	Δ	Δ'	$\Delta\chi_p$	$\Delta\chi'_p$	χ_a	χ_b	$\Delta\chi$	μ	r	k_{exp}	k_{theo}
H_2	104	0	0	0	0	2,21	2,21	0	—	0,7417	5,76	8,88
F_2	37	0	0	0	0	3,90	3,90	0	—	1,409	4,77	7,99
Cl_2	57	0	0	0	0	2,95	2,95	0	—	1,988	3,24	3,32
Br_2	45	0	0	0	0	2,62	2,62	0	—	2,283	2,45	2,35
I_2	36	0	0	0	0	2,52	2,52	0	—	2,66	1,71	1,83
Li_2	24	0	0	0	0	0,84	0,84	0	—	2,673	0,26	0,59
Na_2	17	0	0	0	0	0,74	0,74	0	—	3,078	0,17	0,50
K_2	12	0	0	0	0	0,77	0,77	0	—	3,923	0,10	0,44
LiH	58	−6	8	—	0,50	0,84	2,21	1,37	—	1,595	1,024	1,62
NaH	50	−10	8	—	0,50	0,74	2,21	1,47	—	1,886	0,781	1,23
KH	43	−15	7	—	0,47	0,77	2,21	1,44	—	2,244	0,562	1,04
HF	135	64	73	1,66	1,53	2,21	3,90	1,69	1,91	0,917	9,65	9,87
HCl	103	22	26	0,98	0,92	2,21	2,95	0,74	1,03	1,274	5,15	5,04
HBr	86	12	18	0,73	0,76	2,21	2,62	0,41	0,79	1,414	4,12	4,02
HI	71	1	10	0,21	0,58	2,21	2,52	0,31	0,38	1,604	3,14	3,28
LiF	136	106	106	2,12	1,84	0,84	3,90	3,06	—	1,564	2,50	2,38
NaF	114	87	89	1,93	1,69	0,74	3,90	3,16	—	1,926	1,93	1,68
KF	117	92	96	2,00	1,76	0,77	3,90	3,13	—	2,171	1,39	1,49
ClF	60	13	14	0,75	0,67	2,95	3,90	0,95	0,88	1,628	4,45	5,36
BrF	60	19	19	0,92	0,79	2,62	3,90	1,28	1,76	1,755	4,09	4,40
IF	67	30	30	1,14	0,99	2,52	3,90	1,38	—	—	—	—
LiCl	112	72	75	1,77	1,57	0,84	2,95	2,11	—	2,022	1,404	1,45
NaCl	82	45	51	1,39	1,28	0,74	2,95	2,21	—	2,36	1,082	1,12
KCl	91	56	65	1,56	1,46	0,77	2,95	2,18	6,3 8,0	2,79	0,865	0,96
BrCl	53	2	3	0,29	0,31	2,62	2,95	0,33	0,57	2,136	2,84	2,78
ICl	50	4	5	0,42	0,40	2,52	2,95	0,43	0,5	2,33	2,36	2,41
LiBr	102	68	69	1,70	1,49	0,84	2,62	1,78	—	—	—	—
NaBr	86	55	58	1,54	1,37	0,74	2,62	1,88	10,41	2,502	0,959	0,99
KBr	91	62	68	1,64	1,48	0,77	2,62	1,85	9,1	2,94	0,702	0,86
IBr	42	2	2	0,29	0,25	2,52	2,62	0,10	—	2,47	2,04	2,07
LiI	81	51	52	1,48	1,30	0,84	2,52	1,68	—	—	—	—
NaI	73	46	48	1,41	1,24	0,74	2,52	1,78	4,9	2,90	0,938	0,84
KI	77	53	56	1,51	1,35	0,77	2,52	1,75	9,2	3,23	0,526	0,77

Tabelle 2. *Beispiele für die Additivität von $\sqrt{\Delta}$ und $\sqrt{\Delta'}$*

	$\sqrt{\Delta}$	$\sqrt{\Delta'}$
HF	8,0	8,5
HCl+ClF	4,7 + 3,6 = 8,3	5,1 + 3,7 = 8,8
HBr+BrF	3,5 + 4,4 = 7,9	4,2 + 4,4 = 8,6
HJ+JF	1,0 + 5,5 = 6,5	3,2 + 5,5 = 8,7
HCl	4,7	5,1
HBr+BrCl	3,5 + 1,4 = 4,9	4,2 + 1,7 = 5,9
HJ+JCl	1,0 + 2,0 = 3,0	3,2 + 2,2 = 5,4
HBr	3,5	4,2
HJ+JBr	1,0 + 1,4 = 2,4	3,2 + 1,4 = 4,6
JF	5,5	5,5
JCl+ClF	2,0 + 3,6 = 5,6	2,2 + 3,7 = 5,9
JBr+BrF	1,4 + 4,4 = 5,8	1,4 + 4,4 = 5,8
BrF	4,4	4,4
BrCl+ClF	1,4 + 3,6 = 5,0	1,7 + 3,7 = 5,4
JCl	2,0	2,2
JBr+BrCl	1,4 + 1,4 = 2,8	1,4 + 1,7 = 3,1

Es ist nun naheliegend, $\sqrt{\Delta_{ab}}$ der Differenz zweier Zahlen proportional zu setzen, die für die Atome a und b charakteristisch sind. *Pauling* schrieb:

$$|\chi_a - \chi_b| = 0{,}208\,\sqrt{\Delta_{ab}}, \qquad (3)$$

wobei er den Proportionalitätsfaktor 0,208 wählte, um von kcal/mol in eV umzuformen (wir werden später noch detailierter über die Einheiten sprechen). Die so erhaltenen Werte χ_a und χ_b identifizierte *Pauling* mit den Elektronegativitäten der Atome a und b. Dies ist naheliegend, da man nach der verbalen Elektronegativitätsdefinition erwartet, daß die extra ionische Resonanzenergie mit der Elektronegativitätsdifferenz zusammenhängt. Es ist offensichtlich, daß von der Beziehung, Gl. (3), ausgehend nur eine relative Elektronegativitätsskala aufgestellt werden kann. Um einfache Zahlen zu erhalten, setzte *Pauling* willkürlich die Elektronegativität von Wasserstoff als $\chi_{\mathrm{H}} = 2{,}1$ fest[2], wodurch er für die Atome der ersten Periode die folgenden einfachen Werte erhielt:

$$\chi_{\mathrm{B}} = 2{,}0,\ \chi_{\mathrm{C}} = 2{,}5,\ \chi_{\mathrm{N}} = 3{,}0,\ \chi_{\mathrm{O}} = 3{,}5 \text{ und } \chi_{\mathrm{F}} = 4{,}0.$$

Die Bestimmung der Elektronegativitätswerte nach Gl. (1) und (3) bereitet jedoch einige Schwierigkeiten. Häufig sind die kovalenten „nor-

[2] Professor *Mulliken* machte mich darauf aufmerksam, daß *Pauling*, der ursprünglich $\chi_{\mathrm{H}} = 0$ gewählt hatte, dies nach der Veröffentlichung der absoluten Elektronegativitätsskala von *Mulliken* (77) zu $\chi_{\mathrm{H}} = 2{,}1$ abänderte, und so diese Wahl nicht willkürlich war.

mal Dissoziationsenergien", D_{aa} (d.h. Dissoziationsenergien der homonuklearen Einfachbindungen), nicht bekannt, und auch die Werte für D_{ab} müssen vielfach aus der Atomatisierungsenergie mehratomiger Moleküle hergeleitet werden. Diese Schwierigkeiten können jedoch bewältigt werden, und mehrere Autoren verwendeten Gl. (1) und (3) erfolgreich zur Bestimmung der Elektronegativitäten (*18, 36*). Besonders erwähnenswert ist hier die erschöpfende Behandlung von *Huggins* (*50*). Ein ernsthafter Mangel, der auf die Grobheit der gemachten Annahmen deutet, ist jedoch, daß die extra ionische Resonanzenergien der Alkalihydride negativ erhalten werden (siehe Tabelle 1). In diesem Fall wird $\sqrt{\Delta_{ab}}$ imaginär, und daher sinnlos. Um diese Schwierigkeit zu überkommen, schlug *Pauling* vor, in Gl. (1) statt des arithmetischen Mittels das geometrische Mittel zu verwenden, was er auch mit quantenmechanischen Argumenten zu stützen sucht (*83*). Damit hätten wir:

$$D_{ab} = \Delta'_{ab} + \sqrt{D_{aa} \cdot D_{bb}} \qquad (4)$$

Jedoch wurde Δ'_{ab} kaum zur Elektronegativitätsbestimmung herangezogen.

Trotz dieser Mängel wurde der Elektronegativitätsbegriff nun rasch in die Terminologie der Chemie aufgenommen. Viele chemische Beziehungen und Reaktionen ließen sich halb quantitativ mit Hilfe der Elektronegativität deuten. Meßwerte konnten häufig direkt mit den Elektronegativitätswerten von *Pauling* korreliert werden. Darauf werden wir später im Detail eingehen.

2. Methoden zur Bestimmung der Elektronegativität

Mit der Popularität der *Pauling*schen Elektronegativitätsskala wurden auch eine Vielzahl anderer Verfahren zur Bestimmung der Elektronegativitätswerte der Atome beschrieben. Sie sind von Interesse, da die thermo-chemische Bestimmung, wie schon erwähnt, mit Schwierigkeiten verbunden ist. Wir wollen hier diese Verfahren wie folgt in drei Kategorien einteilen:

a) *Molekül-Eigenschaften* werden mit *Paulings* Elektronegativitätswerten empirisch korreliert, und die so gefundene Beziehung dann zur Ermittlung nicht bekannter oder unsicherer Elektronegativitätswerte herangezogen.

b) Aus *empirisch gefundenen Korrelationen* von atomaren Größen werden Elektronegativitäten bestimmt.

c) Im Rahmen *physikalischer Modellvorstellungen* werden unabhängig von *Paulings* Werten atomare Größen ermittelt, die die Fähigkeit eines Atoms, Elektronen anzuziehen, beschreiben.

Wir können hier nur einige Beispiele dieser Methoden diskutieren, und deren Mehrzahl nur im Zitat erwähnen; eine umfassende Literaturquelle hierfür bietet sowohl der ausgezeichnete Übersichtsartikel von *Pritchard* und *Skinner* (*89*) als auch der von *Lodzinska* und *Danilezuk* (*67*).

a) Korrelation mit Molekül-Daten

Es scheint naheliegend, eine Beziehung zwischen dem Bindungsdipolmoment und der Elektronegativitätsdifferenz zu suchen; davon ausgehend schlug *Malone* (*68*) vor, die Elektronegativitätsdifferenz nach

$$\mu_{ab} = |\chi_a - \chi_b| \qquad (5)$$

zu bestimmen, wobei μ_{ab} das Dipolmoment des Moleküls *a—b* in Debye ist. Wie aus Tabelle 1 ersichtlich, ist diese Beziehung nicht zu gut erfüllt. Dies ist verständlich, da das Dipolmoment eines Moleküls stark von den Momenten nicht bindender Elektronenpaare sowie der Hybridisierung abhängt (*14, 88*). Bindungsmomente, die für Gl. (5) notwendig wären, lassen sich leider nicht eindeutig ermitteln.

Weniger offensichtlich ist ein Zusammenhang zwischen Kraftkonstanten der Valenzschwingungen und Elektronegativitäten. *Walsh* fand eine solche Beziehung für die Hydride (*116*), und *Gordy* (*30, 32*) fand eine allgemeinere und gute Korrelation (siehe Tabelle 1) folgender Art:

$$k_{ab} = \left[1{,}67\, N \left(\frac{\chi_a \chi_b}{r_{ab}}\right)^{0{,}75} + 0{,}3\right] \cdot 10^{-3} \qquad (6)$$

wobei k_{ab} die Dehnungs-Kraftkonstante in dyn/Å und N die Bindungsordnung sind. Die Zahlenwerte 1,67 und 0,3 wurden aus der empirischen Korrelation bestimmt. Daß eine solche Beziehung besteht, ist verwunderlich, da *Pauling* seine Elektronegativitätsskala willkürlich mit $\chi_H = 2{,}1$ fixierte[3], und daher das Produkt zweier Elektronegativitätswerte bedeutungslos erscheint. Wie sähe Gl. (6) aus, hätte *Pauling* $\chi_H = 0$ gewählt? Daher erscheint das von *Gordy* gefundene Verhältnis zufällig zu sein (*119*); auch konnte Gl. (6) bisher noch nicht theoretisch begründet werden.

Daß das Produkt der Elektronegativitäten in Gl. (6) ein sinnvolles Resultat ergibt, liegt wahrscheinlich daran, daß der Nullpunkt von

[3] Siehe jedoch Fußnote auf Seite 451.

Paulings Skala nahe dem Null der absoluten Elektronegativitätsskala von *Mulliken* liegt, was wir noch sehen werden. Weiterhin schlug *Gordy* vor, Elektronegativitäten mit einer theoretisch abgeleiteten Beziehung aus Kern-Quadrupolresonanz Spectren zu bestimmen (*34*). Auf diese Beziehung wollen wir hier nicht im Detail eingehen, da sie explizit den Ionencharakter einer Bindung sowie deren Hybridisierung enthält (*17, 109*), und beides läßt sich gleichzeitig nicht aus einer Messung, der der Kern-Quadrupolresonanz, bestimmen. Letztlich gab *Gordy* noch folgenden Zusammenhang

$$\chi_a = 0{,}44\, U_a - 0{,}15 \qquad (7)$$

zwischen der Elektronegativität eines Metalles, a, und dessen Arbeitsfunktion, U_a, an (*35*).

Von großem Interesse ist ein Zusammenhang zwischen Elektronegativität und den in der Kernmagnetischen Resonanz gemessenen *chemischen Verschiebungen* und Kopplungskonstanten. Die chemische Verschiebung hängt direkt von der magnetischen Abschirmung, d.h. der Ladungsdichte, um einen Kern ab, daher erwartet man intuitiv eine Beziehung zwischen der chemischen Verschiebung und der Elektronegativität. Mehrfach wurden auch solche Beziehungen aufgezeigt (*70*). Leider ist die Situation jedoch nicht so einfach, da die chemische Verschiebung auch vom Dia- oder Paramagnetismus der Substanz, von zwischenmolekularen Wechselwirkungen und von der Anisotropie der magnetischen Suszeptibilität beeinflußt wird. Diese Störungseffekte lassen sich zum großen Teil eliminieren, wenn man die Differenz der chemischen Verschiebung zweier nicht äquivalenter Atome am gleichen Molekül betrachtet. Davon ausgehend fanden *Dailey* und *Shoolery* (*16, 99*) von der Untersuchung von Äthyl-Derivaten, CH_3—CH_2—R, daß die Elektronegativität von R, χ_R, wie folgt mit der chemischen Verschiebung von CH_2 Protonen, δ_{CH_2}, und der von CH_3 Protonen, δ_{CH_3}, zusammenhängt:

$$\chi_R = a + b\,(\delta_{CH_3} - \delta_{CH_2}) \qquad (8)$$

wobei a und b empirische Konstanten sind, die aus einer Korrelation mit *Paulings* Elektronegativitätswerten erhalten werden, und die von der Maßeinheit, mit der δ_{CH_3} und δ_{CH_2} gemessen wurden, abhängen. Auf diese Art lassen sich nicht nur die Elektronegativitätswerte der Atome bestimmen, sondern man kann auch Werte für Gruppen oder Radikale erhalten. Diese Methode wurde später noch von *Zeil* und Mitarbeitern (*42, 124*) verfeinert, die für die magnetische Anisotropie korregierten, was wichtig ist, wenn die untersuchten Moleküle Mehrfachbindungen enthalten.

Letztlich wollen wir hier noch eine Methode von *Jørgensen* (*56, 57*) erwähnen, der vorschlägt, die Elektronegativitäten der Übergangsmetalle aus der Lage der „Charge Transfer" Banden in Komplexen zu bestimmen.

b) Korrelation mit Atom-Daten

In diese Kategorie fallen eine Vielzahl von Methoden zur empirischen Bestimmung der Elektronegativitätswerte aus der Zahl der Valenzelektronen, deren Hauptquantenzahl und aus Atomradien (*9, 41, 49, 69, 98, 110, 123*). Alle diese Methoden wurden aus der empirischen Korrelation dieser Größen mit *Paulings* Elektronegativitätswerten erhalten, und sie können theoretisch nicht gestützt werden. Als ein Beispiel sei hier folgende Beziehung von *Gordy* (*31*) gegeben:

$$\chi = 0{,}31\left(\frac{n+1}{r}\right) + 0{,}5 \tag{9}$$

wobei n = Zahl der Valenzelektronen und r = covalenter Radius in Å sind.

c) Unabhängige Definitionen der Elektronegativität

Diese Definitionen sind besonders wichtig, da hier das physikalische Modell, in dessen Rahmen die Elektronegativität abgeleitet wird, durchaus zu einem Verständnis des Elektronegativitätsbegriffes und der chemischen Bindung beitragen kann.

Zum Beispiel betrachten *Allred* und *Rochow* (*1, 2*) die Elektronegativität als *die Kraft, die ein Atom auf ein Elektron ausübt,* das sich an der Peripherie des Atoms befindet. Sie geben folgende Beziehung an:

$$\chi = 0{,}359\left(\frac{Z_{eff}}{r^2}\right) + 0{,}744 \tag{10}$$

wobei r der Atomradius in Å und Z_{eff} die effektive Ladung des Atomrumpfes ist, die etwas unkonventionell bestimmt wird. Durch das Einführen der beiden Zahlenwerte wird eine gute Übereinstimmung mit den vertrauten Werten der *Pauling*schen Elektronegativitätsskala erhalten. Nur in der 4. Hauptgruppe ergibt sich ein Unterschied: nach *Pauling* ist $\chi_{Ge} > \chi_{Sn}$, während Gl. (10) $\chi_{Ge} < \chi_{Sn}$ gibt. Über diese Diskrepanz hat sich eine heiße Diskussion entspannt (*2, 21, 23*), auf die wir nicht eingehen wollen (nach Ansicht des Autors hat die Elektronegativität als reine

Atom-Eigenschaft keine so klare und spezifische Bedeutung, als daß eine Disputation über kleine Unterschiede der Elektronegativitätswerte sinnvoll wäre).

Eine etwas merkwürdige *Definition der Elektronegativität* hat *Sanderson* vorgeschlagen (*94*). Zunächst bestimmt er die mittlere Elektronendichte eines Atoms als

$$ED = \frac{3Z}{4\pi r^3} \tag{11}$$

wobei Z die Zahl der Elektronen und r der kovalente Radius des Atoms ist. Damit definiert er ein Stabilitätsverhältnis des Atomes a (Stability Ratio)

$$SR_a = \frac{ED_a}{ED_i} \tag{12}$$

wobei ED_i die mittlere Elektronendichte des hypothetischen Edelgases ist, das mit Atom a isoelektronisch ist. Die „kovalenten Radien" dieser hypothetischen Edelgase erhält *Sanderson* aus einer linearen Interpolation zwischen zwei benachbarten Edelgasen. Aus der Korrelation mit *Paulings* Elektronegativitätswerten findet er folgende Beziehung:

$$\chi = (0{,}21\, SR + 0{,}77)^2 \tag{13}$$

die er zur Bestimmung der Elektronegativitäten heranzieht.

Ein bedeutender Beitrag zur Entwicklung des Elektronegativitätsbegriffes stammt von *Mulliken* (*77*), der davon ausging, daß das Molekül a—b im Valenzbindungs-Formalismus als ein *Resonanzhybrid* dreier Strukturen betrachtet werden kann,

$$a^+b^- \longleftrightarrow a - b \longleftrightarrow a^-b^+$$

Dabei ist die notwendige Energie für a—$b \rightarrow a^+b^-$ etwa $I_a - E_b$ und für a—$b \rightarrow a^-b^+$, $I_b - E_a$; I bezeichnet die Ionisierungsenergie des an der Bindung beteiligten Atomorbitals, und E ist die korrespondierende Elektronenaffinität. Sollen die Atome a und b (oder besser die bindungsformenden Orbitale) die gleiche Elektronegativität haben, dann müssen die Strukturen a^+b^- und a^-b^+ mit gleichem Gewicht zu dem Resonanzhybrid beitragen[4]. Das kann jedoch nur vorkommen, wenn

$$I_a - E_b = I_b - E_a \tag{14}$$

[4] Dies wurde zuvor von *F. Hund*, Z. Physik *73*, 1 (1931) hervorgehoben.

ist. Wir haben in der obigen Energie-Betrachtung die Dissoziationsenergie des Moleküls, sowie die Coulomb-Anziehung der Ionenpaare ausgelassen. Diese würden sowohl rechts als links in Gl. (14) auftreten und sich so aufheben. Gl. (14) ergibt umgeformt die Bedingung für gleiche Elektronegativität

$$I_a + E_a = I_b + E_b \tag{15}$$

Davon ausgehend definierte *Mulliken* die Elektronegativität als

$$\chi_a = \tfrac{1}{2}(I_a + E_a) \tag{16}$$

Diese Definition konnte später noch von *Mulliken* (*78, 79*) und *Moffitt* (*72*) theoretisch gestützt werden. Es soll hier nochmals betont werden, daß die Ionisierungspotentiale und Elektronenaffinitäten in Gl. (14—16) nicht die Werte der atomaren Grundzustände sind, sondern die sogenannter „Valenzzustände" der Atome. Damit charakterisiert die Elektronegativität nicht mehr das Atom, sondern ein Atom*orbital,* das zur Bindungsbildung verwandt wird; diese Größe wollen wir von nun an *Orbital-Elektronegativität* nennen. Daß ein Atom in verschiedenen Valenzzuständen verschiedene Elektronegativitäten zeigt, läßt sich eindrucksvoll am Beispiel des Kohlenstoffes demonstrieren. Methylbromid hat ein starkes Dipolmoment mit dem *negativen* Ladungsschwerpunkt am Brom, während Bromacetylen nur ein geringes Dipolmoment hat, mit dem *positiven* Ladungsschwerpunkt am Brom. Dies zeigt, daß Brom ($\chi = 3{,}0$) vom sp^3 hybridisierten Kohlenstoff im Methylen Elektronen abziehen kann, während Brom an den sp-hybridisierten Kohlenstoff des Acetylens Elektronen abgibt. Die Abhängigkeit der Elektronegativitäten von Valenzzuständen wurde von *Walsh* (*115*) und *Bent* (*3*) mit einer Vielzahl experimenteller Daten belegt. Näheres über die Definition der Valenzzustände, und wie man die Ionisierungspotentiale und Elektronenaffinitäten der Orbitale erhalten kann, werden wir später noch erfahren.

Eine Interpretation von Elektronegativität, die im Endergebnis ähnlich der Definition von *Mulliken* ist, wurde von *Iczkowski* und *Margrave* (*53*) gegeben. Sie gehen davon aus, daß die Energie eines Atoms gut als ein Polynom der Ladung dieses Atoms wiedergegeben werden kann,

$$W(N) = aN + bN^2 + cN^3 + dN^4 \ldots \tag{17}$$

wobei N die Ladung des Atoms ist; a, b, c und d sind charakteristische Konstanten des Atoms, die aus sukzessiven Ionisierungspotentialen bestimmt werden können. Polynome dieser Art wurden häufig zur Extrapolation von Elektronenaffinitäten verwendet (*29*). Die Elektronegativität wird nun als Potential erhalten, das heißt als Ableitung der Energie nach der Ladung,

$$\chi = -\frac{\partial W}{\partial N} = a + 2bN + 3cN^2 \ldots \tag{18}$$

Dies ergibt für ein neutrales Atom Elektronegativitätswerte ähnlich denen von *Mulliken,* da $a + 2b \approx \frac{1}{2}(I + E)$ ist, weil die Koeffizienten $c, d \ldots$ im allgemeinen alle nahe Null sind. Gl. (17) hat jedoch einige Schwächen:

1. Die Energie eines Atoms als Funktion dessen Ladung hat Diskontinuitäten, wenn sich die Drehimpulsquantenzahl (l) oder die Hauptquantenzahl (n) des äußersten Elektrons ändert; zum Beispiel an den Stellen $C^+(1s^2 2s^2 2p) \rightarrow C^{2+}(1s^2 2s^2) \rightarrow C^{3+}(1s^2 2s)$ oder $Na(1s^2 2s^2 2p^6 3s) \rightarrow Na^+(1s^2 2s^2 2p^6) \rightarrow Na^{2+}(1s^2 2s^2 2p^5)$.

2. Die Energie eines Atoms bestimmter Ladung ist nicht einwertig, wie Gl. (17) voraussetzt, sondern kann mehrere Werte annehmen; die verschiedenen spektroskopischen oder Valenzzustände. Aus dieser letzten Schwäche folgt, daß nach Gl. (18) keine Elektronegativitätswerte für die verschiedenen Valenzzustände eines Atoms bestimmt werden können.

Die Vorzüge der hier gegebenen Potential-Interpretation der Elektronegativität werden wir später noch sehen, zunächst wollen wir versuchen, die erwähnten Schwächen in Gl. (17, 18) zu beseitigen (*46*). Dazu definieren wir die *Elektronegativität eines Orbitals* als

$$\chi = \frac{\partial W}{\partial q} \tag{19}$$

wobei nun q die Besetzungszahl des betrachteten Orbitals ist, während E wie zuvor die Energie des gesammten Atoms darstellt. Diese Definition enthält ebenso wie Gl. (17, 18) folgende Annahmen:

1. Die Besetzungszahl eines Orbitals ist eine kontinuierliche Variable zwischen 0 und 2.

2. Die Energie eines Atoms ist eine kontinuierliche und differenzierbare Funktion dieser Besetzungszahl.

In der strengen quantenmechanischen Behandlung der Atome ist die Zahl der Elektronen eine Kardinalzahl, und daher läßt sich keine der hier gemachten Annahmen, *im Falle freier Atome,* rechtfertigen. Wir sind jedoch an Atomen interessiert, die Teil eines Moleküls sind, und in der quantenmechanischen Behandlung von Molekülen ist es gebräuchlich, nützlich und legitim von partiellen Besetzungszahlen und Ladungen zu sprechen, besonders wenn den einzelnen Atomen des Moleküls Elektronen zugeschrieben werden. Dies bedeutet vielleicht eine Überbewertung einer Besetzungs-Analyse (population analysis) (*76*), in der die Elektronen, die durch das Molekül-Orbital

$$\psi = a\varphi_a + b\varphi_b$$

beschrieben sind, nach dem Verhältnis der Quadrate der Koeffizienten a und b zwischen den Atomorbitalen φ_a und φ_b aufgeteilt werden. In diesem Sinne wollen wir die Besetzungszahl q verstehen, die danach als kontinuierliche Variable zwischen 0 und 2 angesehen werden kann. Diese Grenzen sind notwendig, da es sinnlos wäre, von einer negativen Besetzungszahl zu sprechen, und ein Überschreiten des Wertes 2 würde dem Pauli-Prinzip widersprechen.

Mit der Annahme (1) wird auch Annahme (2) plausibel. Wir sind jedoch nur in der Lage, entweder durch direkte Rechnung oder durch halb-empirische Behandlung, die Energie eines Atoms für die ganzzahligen Werte von q ($q = 0, 1, 2$) zu bestimmen. Da wir nur die drei Werte für $W(q)$ — $W(0)$[5], $W(1) = I$ und $W(2) = E + I$ — erhalten können, muß die Annahme, daß $W(q)$ eine kontinuierliche Funktion von q ist, eine Arbeitshypothese bleiben. Es ist klar, daß $W(q)$ eine einwertige Funktion ist, vorausgesetzt, die Besetzung der anderen Orbitale wird konstant gehalten.

Akzeptiert man die beiden Annahmen (1) und (2) sowie die Tatsache, daß wir nur die Werte $W(0)$, $W(1)$ und $W(2)$ erhalten können, so hat man noch immer eine Vielzahl funktioneller Zusammenhänge für $W(q)$ offen. Wir können eine jede Drei-Parameter-Funktion, die den drei bekannten Punkten angepaßt ist, wählen, und wir entscheiden uns für eine quadratische Beziehung

$$W(q) = a + bq + cq^2 \tag{20}$$

aus folgenden Gründen:

1. Diese Beziehung ist einfach und reflektiert die empirische Beziehung, Gl. (17).

2. Die Ableitung dieser Funktion nach q an der Stelle $q = 1$ ist $[W(2) - W(0)]/2$, was nach unserer Definition, Gl. (19), die Orbital-

[5] Die Wahl $W(0) = 0$ steht uns frei, damit legen wir den Nullpunkt der gewählten Energie-Skala fest.

Elektronegativität ist. Dies ist jedoch $[W(2)-W(1)+W(1)-W(0)]/2$, wobei $W(2)-W(1) = E$ die Elektronenaffinität und $W(1)-W(0) = I$ das Ionisierungspotential ist; das heißt, für $q = 1$ erhalten wir die Orbital-Elektronegativität $\chi = (E+I)/2$, identisch mit *Mullikens* Definition.

Wir erhalten aus den vorstehenden Gleichungen für die Orbital-Elektronegativität allgemein

$$\chi(q) = b + 2cq \tag{22}$$

wobei

$$b = \tfrac{1}{2}(3I - E) \text{ und } c = \tfrac{1}{2}(E - I) \tag{23}$$

Wie wir schon gesehen haben, enthält Gl. (12) die Elektronegativitätsdefinition von *Mulliken* als einen speziellen Fall. Da *Mullikens* Elektronegativitätswerte gut mit denen von *Pauling* korrelieren, ist es klar, daß unsere Definition nur eine Verallgemeinerung der ursprünglichen Elektronegativitätsidee darstellt und so alle bisherigen Arbeiten auf diesem Gebiet wenig beeinflußt. Die Tatsache, daß Gl. (22), mit den gemachten Annahmen (1) und (2), die Definition von *Mulliken* enthält, kann wohl als eine Rechtfertigung dieser Annahmen betrachtet werden. Gl. (22) zusammen mit Annahme (1), daß q eine kontinuierliche Variable für $0 \leqslant q \leqslant 2$ ist, gibt uns die Möglichkeit, Elektronegativitäten für partiell besetzte Orbitale anzugeben. Dies bedarf jedoch einer genaueren Prüfung.

Der Wert der Elektronegativitätsidee, in der herkömmlichen Form, liegt darin, daß die Fähigkeit eines Atoms (Atom-Orbitals), Elektronen zu akzeptieren, beschrieben wird, bevor es eine Bindung geformt hat; das heißt, für die normale Bindung ist nur $\chi(1)$ von Bedeutung, während wir im Fall von Donor-Akzeptor Bindungen noch $\chi(0)$ und $\chi(2)$ benötigen, die bisher nicht erhalten werden konnten. Für partielle Besetzungszahlen verliert die Elektronegativität ihre herkömmliche Bedeutung, dies wollen wir später noch untersuchen. Aus Gl. (22, 23) erhalten wir für die drei möglichen Orbital-Elektronegativitäten

$$\begin{aligned} \chi(0) &= \tfrac{1}{2}(3I - E) \\ \chi(1) &= \tfrac{1}{2}(I + E) \\ \chi(2) &= \tfrac{1}{2}(3E - I) \end{aligned} \tag{24}$$

wobei wir uns jedoch darüber im klaren sein müssen, daß $\chi(2)$ nicht die Fähigkeit eines Orbitals, Elektronen zu akzeptieren, angibt, sondern nur die Schwierigkeit, Elektronen zu entfernen; $\chi(0)$ beschreibt nur die Fähigkeit, Elektronen zu akzeptieren; $\chi(1)$ bezeichnet beides.

3. Bedeutung der Elektronegativität

Nachdem wir mehrere verschiedene Elektronegativitätsskalen diskutiert haben, ist es an der Zeit, daß wir uns Gedanken über den Wert und die Bedeutung des Elektronegativitätsbegriffes machen.

a) Ist Elektronegativität eine reale physikalische Größe?

Die Antwort ist ein klares nein. Man kann keinen Operator angeben, dessen Erwartungswert die Elektronegativität ist. Auch wenn wir einen solchen Operator finden könnten, wäre noch nicht viel gewonnen, da wir gesehen haben, daß wir die Elektronegativitäten von Valenzzuständen benötigen. Valenzzustände sind jedoch keine stationären Zustände der freien Atome, wie wir noch sehen werden, sondern sie stellen elektronische Konfigurationen der Atome dar, die den Elektronen-Verteilungen um ein Atom in einem Molekül am ähnlichsten sind. Valenzzustände sowie Elektronegativitäten lassen sich nicht rigoros als physikalische Größen definieren, da sie nur als Zwischenwerte oder Rechengrößen in bestimmten, vereinfachten quantenmechanischen Modellen der Moleküle oder der chemischen Bindungen isoliert betrachtet werden können. Eine solche Isolierung kann nicht eindeutig sein; daher wurde der Elektronegativitätsbegriff von *Spiridonow* und *Tadevskii* (*105, 108*) scharf kritisiert und als bedeutungslos verworfen. Warum sollten wir jedoch einen vertrauten Begriff über Bord werfen, nur weil er etwas vag ist, da wir doch mit seiner Hilfe viele chemische Daten korrelieren und ordnen können? Natürlich können wir aus Beziehungen zwischen Kraftkonstanten und Elektronegativität sowie zwischen Dissoziationsenergien und Elektronegativität den Elektronegativitätsbegriff eliminieren und so eine direkte Beziehung zwischen Kraftkonstanten und Dissoziationsenergien herstellen. Es ist nur die Frage, was bequemer und passender ist. Die Idee der Elektronegativität hat sich als fruchtbar und nützlich erwiesen und ist nun schon tief im chemischen Denken verwurzelt; es besteht kein zwingender Grund, sie zu verwerfen, vor allem nicht, solange wir keine bessere Alternative haben.

Leider erscheint der Elektronegativitätsbegriff in vielen Arbeiten recht verschwommen, was sich schon daran zeigt, daß die verschiedenen Definitionen den Elektronegativitätswerten verschiedene Einheiten zuschreiben (*53*). Wir haben zum Beispiel folgende ***Einheiten*** für die Elektronegativität:

nach *Pauling*, Gl. (3)	$\sqrt{\text{Energie}}$
nach *Allred* und *Rochow*, Gl. (10)	Kraft
nach *Gordy*, Gl. (6)	Kraft/Länge^2
nach *Sanderson*, Gl. (13)	dimensionslos

und einige mehr. *Mullikens* Definition, Gl. (16), ergibt als Einheit Energie oder Energie/Elektron (d.h. ein Potential), je nachdem, wie man Elektronenaffinität und Ionisierungspotential auffaßt. Der Autor zieht Potential als Einheit vor, da so eine Änderung der Ladung (Besetzungszahl) eine Energie ergibt, die entweder nötig ist oder frei wird. In einer kürzlich erschienenen Arbeit versuchte *Klopman* (*63*) zu zeigen, daß Energie die natürliche Einheit für die Elektronegativität ist, indem er die Elektronegativität mit bestimmten Integralen über atomare Basisfunktionen identifizierte. Diese Integrale müssen jedoch auch die Einheit Energie/Elektron haben und nicht Energie, da sie in dem Ausdruck für die gesamte Energie eines Systems immer mit einer Besetzungszahl multipliziert auftreten.

Eine Diskussion der Einheiten verschiedener Elektronegativitätsskalen ist jedoch recht akademisch, da die Proportionalitäts-Faktoren zwischen verschiedenen Skalen durchaus nicht dimensionslos sein müssen.

b) Elektronegativität und Ionencharakter in der Theorie der Molekülorbitale

Wir wollen nun untersuchen, inwieweit wir den Elektronegativitätsbegriff aus der quantenmechanischen Behandlung der chemischen Bindung herauskristallisieren können. Dazu beschränken wir uns auf die Beschreibung einer Zwei-Elektronen-Bindung im Molekülorbital-Formalismus. Der Einfluß der Rumpfelektronen und der Elektronen anderer Bindungen sei dabei in einem effektiven Potential vereinigt. Nur in einem so drastisch vereinfachten Modell der chemischen Bindung (als ein lokalisiertes Orbital) läßt sich der Elektronegativitätsbegriff noch durchsichtig isolieren. In der strengeren Behandlung der Elektronenstruktur eines Moleküls, in der alle Elektronen gleichzeitig betrachtet werden — zum Beispiel im SCF (Self-Consistent Field)-Verfahren (*92, 93*) — ergeben sich Molekülorbitale, die sich über das gesamte Molekül erstrecken, und die Beiträge der einzelnen Atomorbitale lassen sich selbst in der LCAO-MO (Linear Combinations of Atomic Orbitals)-Näherung nicht mehr einfach isolieren. Die grobe Näherung, in der wir jede Bindung als separates Zwei-Elektronen-Problem behandeln, läßt sich jedoch zu einem allgemeineren SCF-Verfahren ausdehnen, indem man für die weitere Rechnung die hier in erster Näherung erhaltenen Bindungsorbitale als Basisfunktionen verwendet (*39*).

Wir wollen uns hier nur auf die erste Näherung beschränken und eine Bindung *a—b* als separates Zwei-Elektronen-Problem untersuchen. Dabei dürfen wir erwarten, schon eine gute Beschreibung der Ladungsverteilung in der Bindung zu erhalten. Der Hamilton-Operator für die beiden

Bindungselektronen ist in atomaren Einheiten

$$H(1,2) = h(1) + h(2) + \frac{1}{r_{12}}$$
$$= -\tfrac{1}{2}\nabla^2(1) - V(1) - \tfrac{1}{2}\nabla^2(2) - V(2) + \frac{1}{r_{12}} \tag{25}$$

wobei $V(1)$ und $V(2)$ die Potentiale der Kerne und aller anderen Elektronen des Moleküls enthalten. Für die Beschreibung des Bindungsorbitals machen wir den Ansatz

$$\psi = a\,\varphi_a + b\,\varphi_b \tag{26}$$

wobei φ_a und φ_b Atomorbitale (auch Hybride) an den Atomen a und b sind. Mit der antisymmetrisierten Produktfunktion[6]

$$\Psi(1,2) = \frac{1}{\sqrt{2}} \begin{vmatrix} \psi(1) & \overline{\Psi}(1) \\ \psi(2) & \overline{\Psi}(2) \end{vmatrix} \tag{27}$$

erhalten wir für die Energie der beiden Bindungs-Elektronen

$$E = 2\int \psi^*(1)\,h(1)\,\psi(1)\,d(1) + \iint \psi^*(1)\,\overline{\Psi}^*(2)\frac{1}{r_{12}}\psi(1)\,\overline{\Psi}(2)\,d(1)\,d(2) \tag{28}$$

Setzen wir darin ψ aus Gl. (26) ein, so erhalten wir:

$$E = 2[a^2(\varphi_a|h|\varphi_a) + b^2(\varphi_b|h|\varphi_b) + 2ab(\varphi_a|h|\varphi_b)]$$
$$+ a^4(\varphi_a\varphi_a|\frac{1}{r_{12}}|\varphi_a\varphi_a) + b^4(\varphi_b\varphi_b|\frac{1}{r_{12}}|\varphi_b\varphi_b) + 2a^2b^2(\varphi_a\varphi_b|\frac{1}{r_{12}}|\varphi_a\varphi_b)$$
$$+ 4a^2b^2(\varphi_a\varphi_b|\frac{1}{r_{12}}|\varphi_b\varphi_a) + 4a^3b(\varphi_a\varphi_a|\frac{1}{r_{12}}|\varphi_a\varphi_b)$$
$$+ 4ab^3(\varphi_b\varphi_b|\frac{1}{r_{12}}|\varphi_b\varphi_a) \tag{29}$$

Hier haben wir als Abkürzung

$$(\varphi|h|\varphi) = \int \varphi^*(1)\,h(1)\,\varphi(1)\,d(1) \text{ etc.}$$

[6] $\psi(1)$ sei hier als $\psi(1)\alpha(1)$ verstanden und $\overline{\psi}(1)$ als $\psi(1)\beta(1)$, d.h. der Strich über ψ soll negativen Spin bedeuten.

eingeführt. Approximieren wir alle Integrale, die eine Überlappungs-Ladungsdichte enthalten, nach *Mulliken* (79), d.h.:

$$(\varphi_a|h|\varphi_b) \approx \tfrac{1}{2} S[(\varphi_a|h|\varphi_a) + (\varphi_b|h|\varphi_b)] = \tfrac{1}{2} S(h_a + h_b),$$

$$\begin{aligned}(\varphi_a\varphi_a|\frac{1}{r_{12}}|\varphi_a\varphi_b) &\approx \tfrac{1}{2} S[(\varphi_a\varphi_a|\frac{1}{r_{12}}|\varphi_a\varphi_a) + (\varphi_a\varphi_b|\frac{1}{r_{12}}|\varphi_a\varphi_b)] \\ &= \tfrac{1}{2} S(J_{aa} + J_{ab}), \qquad (30)\\ (\varphi_a\varphi_b|\frac{1}{r_{12}}|\varphi_b\varphi_a) &\approx \tfrac{1}{4} S^2(J_{aa} + J_{bb} + 2J_{ab})\end{aligned}$$

wobei $S = (\varphi_a|\varphi_b)$ das Überlappung-Integral ist, so erhalten wir

$$\begin{aligned}E = {} & 2[a^2 + abS)h_a + (b^2 + abS)h_b] + (a^2 + abS)^2 J_{aa} \\ & + (b^2 + abS)^2 J_{bb} + 2(a^2 + abS)(b^2 + abS) J_{ab} \qquad (31)\end{aligned}$$

Wir können nun $(2a^2 + 2abS)$ mit der Besetzungszahl des Atomorbitals φ_a und $(2b^2 + 2abS)$ mit der Besetzungszahl von φ_b identifizieren. Definieren wir als q die negative Ladung, die in der Bindung von b nach a überführt wurde, so erhalten wir

$$q = a^2 = abS - b^2 - abS \qquad (32)$$

und da $a^2 + 2abS + b^2 = 1$ sein muß (Normierung von ψ)

$$2(a^2 + abS) = 1 + q \text{ und } 2(b^2 + abS) = 1 - q \qquad (33)$$

Damit können wir für die Energie der beiden Bindungs-Elektronen schreiben:

$$\begin{aligned}E = {} & h_a + h_b + \tfrac{1}{4}(J_{aa} + J_{bb} + 2J_{ab}) + q(h_a + \tfrac{1}{2}J_{aa} - h_b - \tfrac{1}{2}J_{bb}) \\ & + \tfrac{1}{4}q^2(J_{aa} + J_{bb} - 2J_{ab}) \qquad (34)\end{aligned}$$

Wir setzen nun im Sinne des Variations-Prinzips $\partial E/\partial q = 0$, und erhalten so die günstigste Ladungsverteilung in der Bindung, die einem Emergieminimum entspricht

$$q = 2\,\frac{-(h_a + \tfrac{1}{2}J_{aa}) + (h_b + \tfrac{1}{2}J_{bb})}{J_{aa} + J_{bb} - 2J_{ab}} \qquad (35)$$

In diesem Ausdruck müssen wir nun die einzelnen Terme im detail untersuchen. Wir haben

$$\begin{aligned} h_a &= (\varphi_a|h|\varphi_a) = (\varphi_a| -\tfrac{1}{2}\nabla^2 - V_a|\varphi_a) + (\varphi_a|U_a|\varphi_a) \\ &\approx -I_a + (\varphi_a|U_a|\varphi_a) \end{aligned} \tag{36}$$

Hierbei sei V_a *das Potential des Atomrumpfes a;* somit können wir das erste Integral mit dem negativen Ionisierungspotential von Orbital φ_a approximieren. Das zweite Integral gibt die *potentielle Energie eines Elektrons im Orbital* φ_a, im Felde aller anderen Atome des Moleküls. Dieser Term wird sich in guter Näherung gegen den korrespondierenden Term in h_b herausheben. Die Coulomb-Integrale an einem Zentrum können wir wie folgt annähern (*80*):

$$J_{aa} \approx I_a - E_a \tag{37}$$

wobei E_a die Elektronenaffinität des Orbitals φ_a ist. Somit erhalten wir

$$q = \frac{(I_a+E_a)-(I_b+E_b)}{(I_a-E_a)+(I_b-E_b)-2J_{ab}} \tag{38}$$

wobei wir mit Sicherheit sagen können, daß der Nenner positiv ist. Damit sehen wir, daß Ladung (Elektronen) in der Bindung von b nach a überführt wird, wenn

$$I_a + E_a > I_b + E_b$$

ist, und es ist gerechtfertigt, I_a+E_a oder $\frac{1}{2}(I_a+E_a)$ mit der Elektronegativität (d.h. der Fähigkeit im Molekül Elektronen anzuziehen) des Orbitals φ_a zu identifizieren. Wir sehen jedoch, daß I_a und E_a dem Orbital entsprechen muß, das die Bindung bildet. Führen wir nun *Mullikens* Definition der Elektronegativität ein, Gl. (16), so erhalten wir für die Ladungsverschiebung, d.h. für den *Ionencharakter der Bindung,*

$$q = 2\,\frac{\chi_a-\chi_b}{(I_a-E_a)+(I_b-E_b)-2J_{ab}} \tag{39}$$

Setzen wir dies in Gl. (34) ein, so wird die Energie der Bindungselektronen

$$E = h_a + h_b + \tfrac{1}{2}(I_a - E_a + I_b - E_b + 2J_{ab}) - \frac{(\chi_a-\chi_b)^2}{(I_a-E_a)+(I_b-E_b)-2J_{ab}} \tag{40}$$

worin der von der Elektronegativität unabhängige Teil Näherungsweise als das arithmetische Mittel der elektronischen Energien von den Kovalenten Bindungen *a—a'* und *b—b'* erhalten werden kann. Damit gibt sich der von der Elektronegativität abhängige Term in Gl. (40) als die *Pauling*sche extraionische Resonanzenergie zu erkennen und wir haben einen Zusammenhang zwischen den Elektronegativitätsskalen von *Pauling* und *Mulliken* gefunden.

Es sei zum Abschluß nochmals darauf hingewiesen, daß dies alles nur eine grobe Näherung zur „wahren" Elektronen-Struktur der chemischen Bindung darstellt, in der wir aber sicherlich die dominierenden Effekte erfaßt haben. Die feineren Details erfordern jedoch eine so verwickelte theoretische Analyse, daß dabei die Begriffe Elektronegativität und Ionencharakter bedeutungslos werden. Leider ist die strenge Berechnung der exakten Elektronenstruktur von chemisch interessanten Molekülen so mühsam und umfangreich, daß sie auch heute selbst mit der Hilfe elektronischer Rechenmaschinen noch nicht möglich ist. Daher müssen wir uns noch immer mit empirischen Begriffen wie Elektronegativität behelfen. Dabei sollten wir uns jedoch an folgendes Zitat von *Mulliken* erinnern: *„I believe the chemical bond ist not so simple as some people seem to think"* (*75*).

4. Valenzzustände; Berechnung der Orbital-Elektronegativitäten

Für die Bestimmung der Orbital-Elektronegativitäten nach Gl. (24) benötigen wir die Ionisierungsenergien und Elektronenaffinitäten der Valenzorbitale, nicht die experimentell zugänglichen Ionisierungsenergien und Elektronenaffinitäten[7] der atomaren Grundzustände. Dazu müssen wir zunächst festlegen, was wir unter einem Valenzorbital oder *Valenzzustand* verstehen. Nach *van Vleck* (*111*), der den Begriff einführte, ist ein Valenzzustand so zu wählen, daß die Elektronenverteilung um das betrachtete Atom so ähnlich wie möglich jener Verteilung ist, die vorliegt, wenn das Atom Teil eines Moleküls ist. Wir können uns einen Valenzzustand wie folgt entstanden denken: wir nehmen ein Molekül, zum Beispiel CH_4, und entfernen die umliegenden Atome (die vier H mit ihren Elektronen) „adiabatisch", d.h. wir lassen keine Reorganisation der Elektronen zu. In unserem Beispiel wären dann die vier Valenzelektronen am C je in einem der vier äquivalenten $te = sp^3$ Hybridorbitale[8]. Wir

[7] Nur wenige Elektronenaffinitäten sind experimentell gemessen, die meisten müssen aus den Ionisierungspotentialen iso-elektronischer Serien extrapoliert werden (*22, 90*).

[8] Wir verwenden mit *Mulliken* folgende Abkürzungen für Hybride $sp^3 = te$ (tetrahedral), $sp^2 = tr$ (trigonal) und $sp = di$ (digonal).

wissen daher im allgemeinen, in welchen Hybridorbitalen, die durch die Symmetrie des Moleküls bestimmt sind, sich die Elektronen eines Valenzzustandes befinden. Wir wissen jedoch nichts über die relative Spinorientierung der Valenzelektronen. In den Bindungen sind die Spins der beiden Bindungselektronen gepaart; nach der adiabatischen Dissoziation der Bindungen ist die relative Spinorientierung der am betrachteten Atom verbleibenden Elektronen daher zufällig. Detailierte Diskussionen der Bedeutung und Interpretation von Valenzzuständen finden sich vielfach in der Literatur (*15, 55, 112*) und wir wollen hier nicht weiter darauf eingehen. Wir konzentrieren uns nun darauf, wie die Energie eines Valenzzustandes erhalten werden kann.

a) Berechnung der Anregungsenergie von Valenzzuständen

Unter der *Anregungsenergie eines Valenzzustandes* wollen wir jene Energie verstehen, die notwendig ist, um ein Atom von seinem spektroskopischen Grundzustand in einen bestimmten Valenzzustand anzuheben. Diese Energie ließe sich durchaus streng berechnen, jedoch wäre das ein umfangreiches und mühsames Unterfangen. Einfacher ist es, diese Anregungsenergie halbempirisch aus den reichhaltigen experimentellen Daten von Atomspektren zu ermitteln. Dazu können wahlweise zwei Methoden verwandt werden.

Die erste Methode wurde von *Moffitt* (*73*) beschrieben und von *Ellison* (*10*) weiter ausgearbeitet. Dabei wird der Valenzzustand eines Atoms als eine Linearkombination von spektroskopischen Zuständen ausgedrückt. Die Entwicklungs-Koeffizienten lassen sich dabei im allgemeinen aus Symmetriebetrachtungen erhalten und es ist dann nur notwendig, die Termenergien der Atome entsprechend zu summieren. Diese Methode verlangt jedoch eine gesonderte Symmetriebetrachtung eines jeden Valenzzustandes, was oft recht kompliziert ist. Ein weiterer Nachteil ist, daß die Valenzzustands-Energie nicht berechnet werden kann, wenn eine der notwendigen Termenergien experimentell nicht bekannt ist.

Die zweite Methode, von *van Vleck* und *Mulliken,* die im Prinzip die gleichen Resultate liefert, hat keinen dieser Nachteile und eignet sich gut für Routinerechnungen mit einer elektronischen Rechenmaschine. Die Grundlage dieser Methode bildet die theoretische Behandlung der Atom-Spektren von *Slater* (*104*). Danach läßt sich die Energie eines spektroskopischen Terms eines Atoms wie folgt schreiben:

$$W = \sum_i I_i + \sum_{i>j} \sum_k [a_{ij}{}^k F_{ij}{}^k - \delta(s_i, s_j)\, b_{ij}{}^k G_{ij}{}^k] \qquad (41)$$

wobei die Indices i und j die Elektronen oder deren Orbitale bezeichnen und sich über alle Elektronen erstrecken. Die Summe über k stammt von der Expansion des $\frac{1}{r_{12}}$ Operators in Kugelfunktionen. Die Koeffizienten $a_{ij}{}^k$ und $b_{ij}{}^k$, die von den Quantenzahlen l und m abhängen, ergeben sich aus der Integration der Kugelfunktionen aus der $\frac{1}{r_{12}}$ Entwicklung mit denen der Orbitale und können bestimmt werden. Einzelheiten können in Lehrbüchern nachgelesen werden (*11, 103*). $\delta(s_i, s_j)$ ist 1, wenn $s_i = s_j$ (Spin von Elektron i gleich Spin von Elektron j) und 0, wenn $s_i \neq s_j$. Letztlich haben wir in Gl. (41) noch die sogenannten Slater-Condon-Parameter, die von den Quantenzahlen n und l abhängen,

$$I_i = \iint R_i^*(r_1)\, h(r_1)\, R_i(r_1)\, r_1{}^2 dr_1$$

$$F_{ij}{}^k = \iint R_i^*(r_1)\, R_j^*(r_2) \frac{r_<{}^k}{r_>{}^{k+1}} R_i(r_1)\, R_j(r_2)\, r_1{}^2 r_2{}^2 dr_1\, dr_2 \qquad (42)$$

$$G_{ij}{}^k = \iint R_i^*(r_1)\, R_j^*(r_2) \frac{r_<{}^k}{r_>{}^{k+1}} R_j(r_1)\, R_i(r_2)\, r_1{}^2 r_2{}^2 dr_1\, dr_2$$

wobei R_i der radial Anteil des Atomorbitals φ_i ist; $r_<$ ist der kleinere und $r_>$ der größere von r_1 und r_2; $h(r_1)$ ist hier der Einelektronen-Anteil des Hamiltonschen Operators.

Wären die Radialanteile der Atom-Wellenfunktionen bekannt, ließen sich die Integrale Gl. (42) leicht berechnen. Im allgemeinen sind die Radialfunktionen jedoch nicht bekannt, doch lassen sich die Slater-Condon-Parameter empirisch aus den bekannten Atomspektren bestimmen (*45*), unter der Annahme, daß die Radialfunktionen in verschiedenen stationären Zuständen einer Konfiguration oder in verwandten Konfigurationen eines Atoms identisch sind.

Die Energie eines Valenzzustandes läßt sich analog der eines stationären Zustandes in der Form von Gl. (41) schreiben. Die Koeffizienten $a_{ij}{}^k$ und $b_{ij}{}^k$ können dazu ganz ähnlich wie für die stationären Zustände berechnet werden (*44*). Da jedoch die relative Spinorientierung der Valenzelektronen willkürlich ist, haben wir nun $\delta(s_i, s_j)$ für die Valenzelektronen $\frac{1}{2}$ zu setzen. Sind die F und G bestimmt und die a und b für die Valenzzustände berechnet, so brauchen diese nur in Gl. (41) eingesetzt zu werden, und wir erhalten die Anregungsenergien der Valenzzustände, wenn wir die Energie des atomaren Grundzustandes null setzen. Solche Anregungsenergien wurden mehrfach berechnet (*43, 47, 48, 86, 102*).

b) Berechnung der Orbital-Elektronegativitäten

Sind Anregungsenergien der Valenzzustände, P für ein neutrales Atom, P^+ und P^- für die korrespondierenden Werte des positiven und negativen

Ions, bekannt, so lassen sich für den Valenzzustand die Ionisierungsenergie, I_v, und Elektronenaffinität, E_v, aus den Grundzustandswerten I_g und E_g bestimmen nach

$$\begin{aligned} I_v &= I_g + P^+ - P \\ E_v &= E_g + P - P^- \end{aligned} \tag{43}$$

Es muß jedoch darauf hingewiesen werden, daß die Werte für P^- nicht wie oben beschrieben erhalten werden können, da im allgemeinen Spektren negativer Ionen nicht beobachtet sind. Diese Werte lassen sich jedoch gut extrapolieren.

Da wir nur die Ionisierungspotentiale und Elektronenaffinitäten der Orbitale benötigen, muß noch beachtet werden, daß in dem Ionisierungsprozeß keine Reorganisierung der anderen Elektronen eintritt, d.h. die Besetzung der anderen Orbitale ist konstant zu halten. Wir wollen dies am Beispiel des Kohlenstoffs illustrieren:

$$C^-(te^2tetete) \xrightarrow{E_{te}} C(tetetete) \xrightarrow{I_{te}} C^+(tetete)$$

$$C^-(tr^2trtr\pi) \xrightarrow{E_{tr}} C(trtrtr\pi) \xrightarrow{I_{tr}} C^+(trtr\pi)$$

$$C^-(trtrtr\pi^2) \xrightarrow{E_{\pi}} C(trtrtr\pi) \xrightarrow{I_{\pi}} C^+(trtrtr)$$

Die generellen Zusammenhänge sind für Kohlenstoff in Abb. 1 dargestellt.

Die nach diesem Rezept erhaltenen Elektronegativitäten für die verschiedensten Valenzzustände sind in Tabelle 3 angeführt, in den vertrauteren Einheiten von *Pauling*. Als Beziehung zwischen den hier erhaltenen Werten, χ_M, in Volt und den Elektronegativitätswerten nach *Pauling*, χ_P, wurde

$$\chi_P = 0{,}336\,(\chi_M - 0{,}615) \tag{44}$$

erhalten, was in Abb. 2 mit den zur Korrelation verwendeten Werten dargestellt ist. Diese Gleichung wurde zur Umrechnung von den erhaltenen χ_M in die tabellierten χ_P verwendet.

Aus Tabelle 3 ist ersichtlich, daß die Orbital-Elektronegativität stark von dem s-Charakter des betrachteten Orbitals abhängt, und zwar ist die Elektronegativität um so höher, je mehr s-Charakter das Orbital hat.

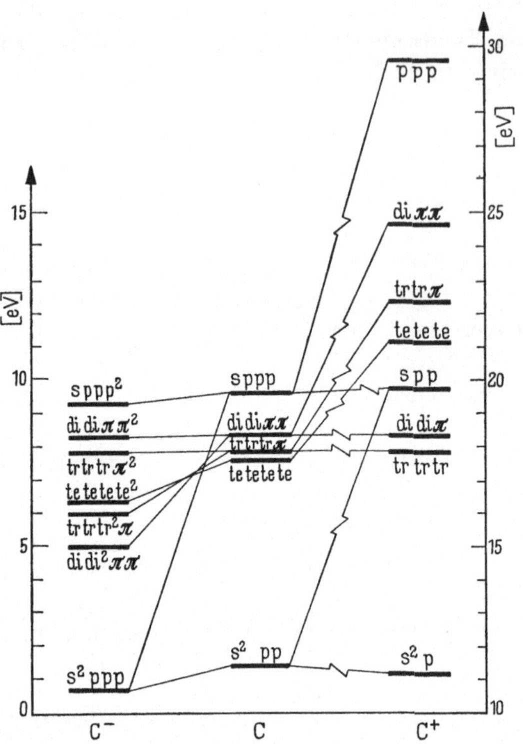

Abb. 1. Term-System der Valenzzustände von C^-, C und C^+ mit den möglichen Verbindungen für die Berechnung der Ionisierungspotentiale und Elektronenaffinitäten der vierbindigen Valenzzustände des Kohlenstoffs

Dies wurde schon mehrfach empirisch gefunden (*3, 114*). Bemerkenswert ist dabei, daß diese Abhängigkeit linear ist, das heißt

$$\chi(\text{Hybrid}) = s \cdot \chi_s + p \cdot \chi_p \tag{45}$$

wobei s und p den prozentualen s- und p-Charakter des Hybrids angeben; χ_s und χ_p sind die Orbital Elektronegativitäten des reinen s- bzw. p-Orbitals; dies ist in Abb. 3 für Kohlenstoff gezeigt.

Ebenso wie wir die Elektronegativitäten der einfach besetzten Orbitale erhalten haben, lassen sich nach Gl. (24) auch die Elektronegativitäten leerer, virtueller Orbitale und zweifach besetzter Orbitale bestimmen. Einige derartige Werte, die im Falle von Dativ-Bindungen von Interesse sind, haben wir in Tabelle 4 aufgeführt.

Tabelle 3. *Elektronegativitätswerte der Valenzorbitale in Paulings Einheiten (für die Übergangs-Metalle siehe (47))*

Valenzzustand	Orbital	H	Li	Na	K	Rb
s	*s*	2,21	0,84	0,74	0,77	0,50
p	*p*		0,47	0,32	0,38	0,54
			Be	Mg	Ca	Sr
sp	*s*		2,15	1,77	1,36	1,26
	p		0,82	0,56	0,42	0,34
pp	*p*		0,95	0,75	0,65	0,34
di di	*di*		1,40	1,17	0,93	0,85
di π	*di*		1,29	1,15	0,83	0,73
	π		0,88	0,65	0,43	0,34
tr tr	*tr*		1,17	0,98	0,68	0,59
tr π	*tr*		1,13	0,99	0,66	0,56
	π		0,90	0,69	0,45	0,36
tete	*te*		1,09	0,90	0,63	0,54
			B	Al	Ga	In
sp p	*s*		3,25	2,69	3,18	2,88
	p		1,26	1,11	1,22	0,92
ppp	*p*		1,79	1,71	2,54	1,41
di di π	*di*		2,27	1,90	2,20	1,91
	π		1,26	1,11	1,09	0,88
di ππ	*di*		2,19	1,99	2,90	2,04
	π		1,53	1,41	1,88	1,16
tr tr tr	*tr*		1,93	1,64	1,82	1,57
tr tr π	*tr*		1,96	1,74	2,33	1,70
	π		1,44	1,31	1,60	1,07
te te te	*te*		1,81	1,59	2,02	1,50
			C	Si	Ge	Sn
sppp	*s*		4,84	3,88	4,06	3,80
	p		1,75	1,82	2,09	2,08
di di ππ	*di*		3,29	2,85	3,08	2,94
	π		1,69	1,71	1,98	1,99
tr tr tr π	*tr*		2,75	2,33	2,70	2,62
	π		1,68	1,67	1,95	1,96
te te te te	*te*		2,48	2,25	2,50	2,44
			N	P	As	Sb
s^2ppp	*p*		2,28	1,84	1,59	1,46
sp^2pp	*s*		6,70	4,62	3,84	4,22
	p		2,65	2,23	2,40	2,36
$di^2 di ππ$	*di*		5,07	3,58	2,82	3,09
	π		2,46	2,03	1,99	1,91

Tabelle 3 (Fortsetzung)

Valenzzustand	Orbital	N	P	As	Sb
$di\,di\,\pi^2\pi$	di	4,67	3,42	3,13	3,29
	π	2,53	2,14	2,39	2,27
$tr^2tr\,tr\,\pi$	tr	4,13	3,05	2,66	2,79
	π	2,47	2,06	2,12	2,02
$tr\,tr\,tr\,\pi^2$	tr	3,94	2,98	2,88	2,94
$te^2te\,te\,te$	te	3,68	2,79	2,58	2,64
		O	S	Se	Te
$s^2p^2p\,p$	p	3,04	2,28	2,18	2,08
$s\,p^2p^2p$	s	8,98	5,12	4,97	4,81
	p	3,49	2,63	2,56	2,77
$di^2di^2\pi\pi$	π	3,04	2,28	2,18	2,08
$di^2di\,\pi^2\pi$	di	6,60	3,96	3,78	3,65
	π	3,26	2,45	2,37	2,43
$di\,di\,\pi^2\pi^2$	di	6,23	3,87	3,77	3,79
$tr^2tr^2tr\,\pi$	tr	5,54	3,46	3,29	3,17
	π	3,19	2,40	2,31	2,31
$tr^2tr\,tr\,\pi^2$	tr	5,43	3,46	3,33	3,31
$te^2te^2te\,te$	te	4,93	3,21	3,07	3,04
		F	Cl	Br	I
$s^2p^2p^2p$	p	3,90	2,95	2,62	2,52
$s\,p^2p^2p^2$	s	10,31	6,26	5,94	5,06

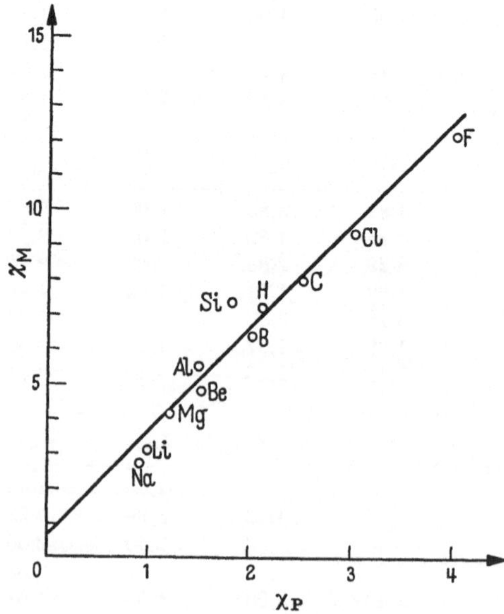

Abb. 2. Beziehung der Elektronegativitätsskalen von *Mulliken* und *Pauling*, mit den zur Korrelation verwendeten Werten. Die gefundene Beziehung ist $0.336\,(\chi_M - 0.615) = \chi_P$

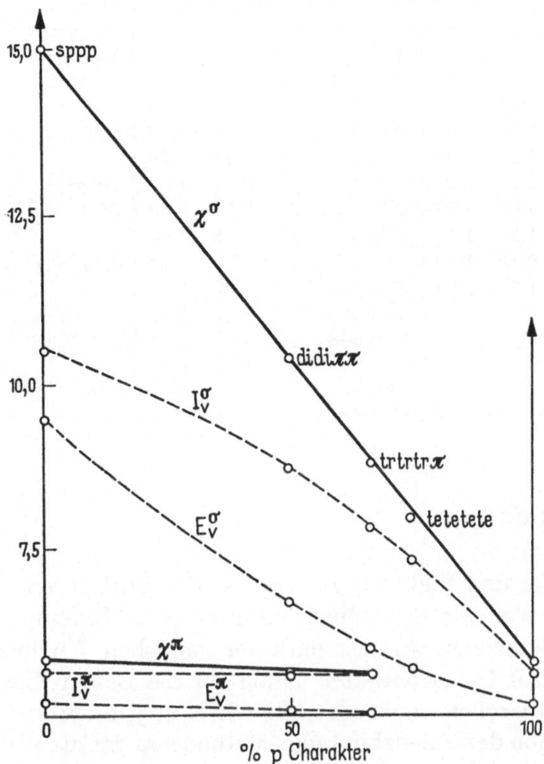

Abb. 3. Elektronegativitätswerte des Kohlenstoffs als Funktion des *p*-Charakters der Hybrid-Orbitale. Die gebrochenen Linien geben das Ionisierungspotential und die Elektronenaffinität der Hybrid-Orbitale

Tabelle 4a. *Elektronegativitätswerte virtueller Orbitale*

Valenz-zustand	Orbital	Be	Mg	Valenz-zustand	Orbital	B	Al
sp	*p*	0,10	0,24	*spp*	*p*	1,06	0,82
pp	*s*	1,81	1,75	*ppp*	*s*	3,67	3,52
didi	*π*	0,02	0,20	*didiπ*	*π*	1,18	0,98
diπ	*di*	1,30	1,21	*diππ*	*di*	3,05	2,59
	π	−0,10	−0,10	*trtrtr*	*π*	1,22	1,03
ππ	*di*	0,97	0,79	*trtrπ*	*tr*	2,59	2,16
trtr	*tr*	0,94	0,91	*tetete*	*te*	2,32	1,93
	π	0,07	0,00				
trπ	*tr*	0,79	0,67				
tete	*te*	0,64	0,58				

Tabelle 4b. *Elektronegativitätswerte doppelt besetzter Orbitale*

Valenz-zustand	Orbi-tal	N	P	Valenz-zustand	Orbi-tal	O	S	Valenz-zustand	Orbi-tal	F	Cl
s^2ppp	s	5,66	3,68	s^2p^2pp	s	7,44	4,52	$s^2p^2p^2p$	s	9,10	6,52
sp^2pp	p	1,21	1,88		p	1,42	1,50		p	2,26	2,10
$di^2di\pi\pi$	di	2,26	2,08	sp^2p^2p	p	2,04	1,71	$sp^2p^2p^2$	p	2,28	2,54
$didi\pi^2\pi$	π	1,05	1,59	$di^2di^2\pi\pi$	di	3,75	2,59	$di^2di^2\pi^2\pi$	di	4,96	3,98
$tr^2trtr\pi$	tr	1,58	1,73	$di^2di\pi^2\pi$	di	3,56	2,60		π	2,26	2,10
$trtrtr\pi^2$	π	0,99	1,49		π	1,73	1,60	$di^2di\pi^2\pi^2$	di	4,50	3,90
$te^2tetete$	te	1,32	1,59	$didi\pi^2\pi^2$	π	1,92	1,76		π	2,27	2,32
				$tr^2tr^2tr\pi$	tr	2,81	2,16	$tr^2tr^2tr^2\pi$	tr	3,90	3,28
				$tr^2trtr\pi^2$	tr	2,74	2,21	$tr^2tr^2tr\pi^2$	tr	3,70	3,30
					π	1,78	1,66		π	2,28	2,25
				te^2te^2tete	te	2,45	2,01	$te^2te^2te^2te$	te	3,32	3,00

5. Ionencharakter

Ionencharakter und Elektronegativität sind begrifflich eng miteinander verknüpft. Bevor wir den Ionencharakter einer Bindung diskutieren, müssen wir definieren, was wir darunter verstehen. Unglücklicherweise wird der Begriff Ionencharakter häufig für die Beschreibung von zwei verschiedenen Größen verwendet, die wir streng unterscheiden müssen.

1. Im Jargon der Valenzbindungs-Methode, in der die Wellenfunktion eines zweiatomigen Moleküls *a—b* als

$$\Psi_{ab} = A\{\Phi_a \Phi_b\} + B\{\Phi_a^+ \Phi_b^-\} + C\{\Phi_a^- \Phi_b^+\} \tag{46}$$

geschrieben werden kann, wird $B\{\Phi_a^+ \Phi_b^-\} + C\{\Phi_a^- \Phi_b^+\}$ als der ionische Anteil oder Ionencharakter der Bindung bezeichnet, während $A\{\Phi_a \Phi_b\}$ als covalenter Anteil charakterisiert wird. Dieser ionische Charakter — nicht Ionencharakter — der Bindung ist auch in homonuklearen Molekülen, wie H_2, N_2 und O_2 etc., von Null verschieden. Diese Größe wollen wir nicht erörtern, da sie nicht direkt mit der Elektronegativität zusammenhängt.

2. *Ionencharakter,* wie wir ihn hier verstehen und diskutieren wollen, beschreibt die partielle Ladungsverteilung in einem Molekül, oder genauer *die partielle negative Ladung, die in einem Molekül durch die Bindung von einem Atom zum anderen übertragen wurde.* Damit wird der Ionencharakter in einem neutralen zweiatomigen Molekül gleich der partiellen positiven oder negativen Ladung an den Atomen. In homonuklearen zweiatomigen Molekülen ist dieser Ionencharakter natürlich immer null.

Es ist klar, daß „Ionencharakter" ein etwas vager Begriff ist, da die Aufteilung der Ladung in einem Molekül *a—b* in einem zum Atom *a* und einem zum Atom *b* gehörigen Teil mehr oder weniger willkürlich ist (*100*). Wir erwarten natürlich, daß nach der verbalen Definition der Elektronegativität der Ionencharakter einer Bindung *a—b* mit der Differenz $\chi_a - \chi_b$ zusammenhängt. Davon ausgehend sind auch verschiedene empirische Zusammenhänge vorgeschlagen worden. Nach *Pauling* (*85*) läßt sich der Ionencharakter, q, durch

$$q = 1 - e^{\frac{1}{4}(\chi_a - \chi_b)^2} \tag{47}$$

erhalten[9]. *Gordy* (*34*) schlug vor

$$q = \tfrac{1}{2}(\chi_a - \chi_b) \tag{48}$$

und nach *Wilmhurst* (*122*) haben wir

$$q = \frac{\chi_a - \chi_b}{\chi_a + \chi_b} \tag{49}$$

wobei jeweils q die partielle negative Ladung ist, die von b nach a verschoben wurde und damit die partielle negative Ladung an a, oder die partielle positive Ladung an b. Nur Gl. (47) erlaubt es nicht, die Richtung der Ladungsverschiebung festzulegen.

Gehen wir nun von der Vorstellung aus, daß Elektronegativität ein Potential ist, so können wir den Ionencharakter einer Bindung direkt mit der Elektronegativität in Zusammenhang bringen. Wir erwarten, daß in einer Bindung *a—b* Ladungsgleichgewicht dann eintritt, wenn eine Probeladung am Atom *a* und *b* das gleiche Potential sieht. Dies verlangt

$$\chi_a(q_a) = \chi_b(q_b) \tag{50}$$

Der Gedanke, daß sich in der Bindung die Elektronegativitäten angleichen, wurde schon zuvor von *Sanderson* (*95*) postuliert. Wir können dieses Resultat auch noch aus folgender Betrachtung erhalten. Führen wir dem Atom *a* die negative Ladung dq zu, so wird die Energie

$$\left(\frac{\partial E_a}{\partial q}\right)_{q_a} \cdot dq$$

[9] Siehe dazu jedoch die Buchbesprechung von *Paulings* „The Nature of the Chemical Bond", die *R. S. Mulliken* gegeben hat, J. Phys. Chem. *44*, 827 (1940).

frei. Entfernen wir von b die Ladung dq, so müssen wir die Energie

$$\left(\frac{\partial E_b}{\partial q}\right)_{q_b} \cdot dq$$

aufwenden. Dieser Prozeß wird bei der Bildung einer Bindung solange ablaufen, als die freiwerdende Energie größer als die notwendige ist; werden beide Größen gleich, so tritt Gleichgewicht ein. Das ist erreicht, wenn

$$\left(\frac{\partial E_a}{\partial q}\right)_{q_a} = \left(\frac{\partial E_b}{\partial q}\right)_{q_b} \tag{51}$$

oder nach Gl. (19),

$$\chi_a(q_a) = \chi_b(q_b). \tag{52}$$

Da $q_a + q_b = 2$ sein muß, können wir nach $q = q_a - 1$ auflösen, und wir erhalten mit Gl. (22, 23)

$$q = \frac{\chi_a - \chi_b}{-2(c_a + c_b)} = \frac{\chi_a - \chi_b}{I_a - E_a + I_b - E_b} \tag{53}$$

In dieser einfachen Argumentation, die zur Elektronegativitätsangleichung führte, haben wir jegliche Änderung der Wechselwirkung zwischen den beiden Atomen a und b vernachlässigt, die durch die Ladungsverschiebung hervorgebracht wird. Daher können wir nicht erwarten, daß die so erhaltenen Beziehungen quantitativ genau sind (*5, 6, 91*). Erstaunlich ist jedoch, daß Gl. (53) ganz ähnlich dem equivalenten Ausdruck Gl. (39) ist, den wir aus der MO-Theorie hergeleitet haben; der Unterschied besteht lediglich in einem Faktor 2, sowie dem Elektron-Abstoßungsintegral J_{ab} im Nenner, der gerade die Änderung der Elektron-Wechselwirkung wiedergibt.

6. Gruppen-Elektronegativität

Die bisher ermittelten Atomorbital-Elektronegativitäten können nun direkt mit einer Vielzahl experimentell beobachtbarer Größen in Beziehung gebracht werden, wie Dissoziationsenergien, chemische Verschiebungen, Kraftkonstanten, Infrarot-Absorbtionsfrequenzen usw. Jedoch ist die Situation häufig nicht so einfach wie im Falle zweiatomiger

Moleküle oder einbindiger Atome. Sind die Atome mehrbindig, so müssen wir erwarten, daß die an ein Zentralatom gebundenen anderen Atome die Elektronegativität des Zentralatoms merklich beeinflussen, das heißt in einem solchen Fall wollen wir eigentlich die Elektronegativität einer Atomgruppe oder eines Radikals. Dieser Gedanke wurde von *Kagarise* (*60*) aufgegriffen, als er eine lineare Beziehung zwischen der C—O-Valenzschwingung in Carbonylen,

$$\begin{matrix} R' \diagdown \\ \quad C{=}O \\ R \diagup \end{matrix}$$

und der Summe $\chi_R + \chi_{R'}$ fand. Er schlug vor, in dem Fall, in dem R ein Rest der Art $-A\!\!<\!\!\begin{matrix} X \\ -Y \\ Z \end{matrix}$ ist, die Elektronegativität des Restes nach

$$\chi_R = \tfrac{1}{2}\chi_A + \tfrac{1}{6}(\chi_x + \chi_y + \chi_z) \tag{54}$$

zu ermitteln. Ähnlich fand auch *Wilmhurst* (*120, 121*) aus der Korrelation von R—H-Dehnungsfrequenzen, die linear mit der Elektronegativität von R zusammenhängen, die Notwendigkeit von Gruppen-Elektronegativitäten. Diese errechnet er nach der Beziehung von *Gordy,* Gl. (19), wozu er eine detaillierte Vorschrift gibt, wie *n,* die Zahl der Valenzelektronen eines Radikals, zu bestimmen ist.

Unsere Definition der Orbital-Elektronegativität läßt sich nun zwangslos auf *Radikale,* das heißt hier Atomgruppen mit einem freien Orbital, ausdehnen. Dazu betrachten wir als ein einfaches Beispiel das Molekül X—Be—Y, in dem wir die Elektronegativität des freien Orbitals —Be—Y bestimmen wollen. Dabei wissen wir, daß Be zur Bindung mit X und Y je ein *di*-Orbital verwendet, und wir erwarten, daß die Be—Y Bindung einen partiellen Ionencharakter hat. Bestimmen wir diesen Ionencharakter nach Gl. (53), so erhalten wir die Ladung, *q,* mit der das digonale Orbital am Beryllium besetzt ist, welches die Bindung mit Y bildet. Damit sind wir in der Lage die Elektronegativität des digonalen Orbitals zu errechnen, welches zur Bindung von —B—Y mit X herangezogen wird. Wir benötigen dazu

$$I_v = W[\mathrm{Be}(di^q\, di)] - W[\mathrm{Be}(di^q)]$$

und

$$E_v = W[\mathrm{Be}(di^q\, di^2)] - W[\mathrm{Be}(di^q\, di)]. \tag{55}$$

Wie wir die Energiewerte von Be(di^q), Be($di^q di$) und Be($di^q di^2$) durch Interpolation erhalten können, ist in Abb. 4 dargestellt; natürlich erhalten wir diese Werte nicht zeichnerisch, sondern wir errechnen sie aus den Energie-Parabeln, Gl. (20), die die einzelnen Kurvenstücke in Abb. 4 wiedergeben.

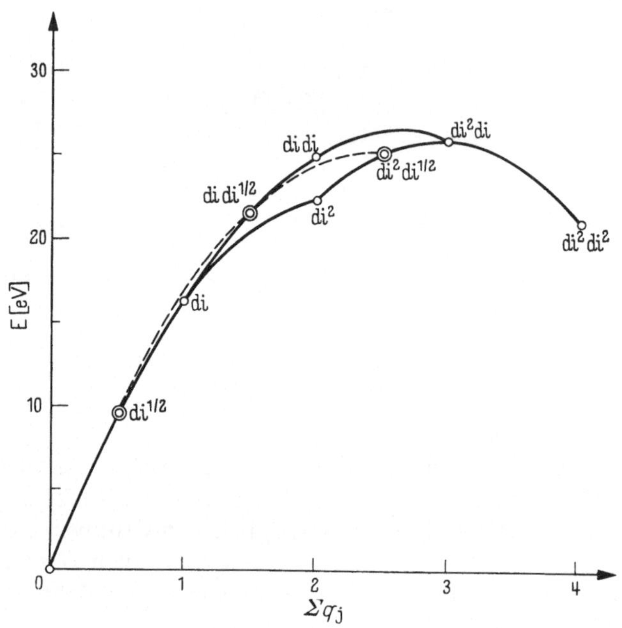

Abb. 4. Die verschiedenen Energie-Parabeln für *di*-Hybrid-Orbitale an Beryllium. Die gebrochene Kurve gibt den Energieverlauf des freien *di*-Orbitals von –Be–Y wenn Y dem Beryllium $\frac{1}{2}$ Elektron entzieht

Die Ausdehnung dieser Methode auf kompliziertere Systeme bereitet keine zusätzlichen Schwierigkeiten, es ist dabei jedoch notwendig, die Bestimmung des Ionencharakters der Bindungen cyclisch zu wiederholen, bis die Ionencharaktere aller Bindungen des Radikals konsistent sind. Eine ähnliche, cyclische iterative Methode zur Bestimmung von Gruppen-Elektronegativitäten wurde von *Gallais* und Mitarbeitern verwandt (*28*). Gruppen-Elektronegativitäten, die, wie hier beschrieben, errechnet wurden, sind in Tabelle 5 aufgeführt und empirischen Werten gegenübergestellt. In Abb. 5 sind einige dieser Ergebnisse gegen σ^*-Werte von *Taft* (*106*) aufgetragen; die σ^*-Werte sollten den rein induktiven Einfluß auf Reaktionsgeschwindigkeiten wiedergeben. Daß sich in dieser Beziehung die F-substituierten Reste verschieden von den anderen verhalten scheint

Tabelle 5. *Elektronegativitätswerte von Gruppen*

Radikal	χ	Radikal	χ
CH_3	2,30	CCl_3	2,79
CH_2F	2,61	CBr_3	2,57
CH_2Cl	2,47	CI_3	2,50
CH_2Br	2,40	CF_3CH_2	2,36
CH_2I	2,38	CH_2ClCH_2	2,07
CHF_2	2,94	CH_3CH_2	2,01
$CHCl_2$	2,63	NH_2	2,82
$CHBr_2$	2,49	PH_2	2,06
CHI_2	2,44	OH	3,53
CF_3	3,29	SH	2,35

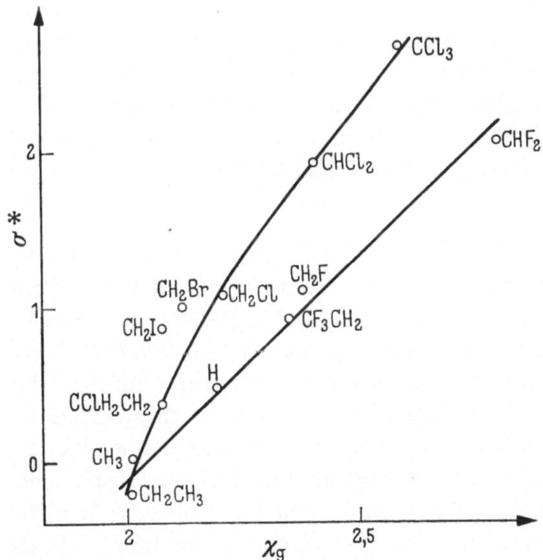

Abb. 5. Gruppenelektronegativitäten, von Gruppen die an eine Carboxylgruppe gebunden sind, sind gegen σ^* Werte von *Taft* aufgetragen

ein Hinweis darauf zu sein, daß die Ionencharaktere in Gl. (53) zu niedrig bestimmt werden, was auch aus Gl. (39) ersichtlich ist. Dies ließe sich wohl am einfachsten korrigieren, indem man die aus Gl. (53) erhaltenen Ionencharaktere mit einer empirischen Konstante zwischen 1 und 2 multipliziert, um so Gl. (53) und (39) besser in Einklang zu bringen. Diese empirische Konstante könnte ein für allemal festgelegt werden.

Von mehreren Autoren wurden Gruppen-Elektronegativitäten direkt berechnet, teils nach der hier beschriebenen Methode (*51, 118*), sowie nach der von *Wilmhurst,* bei der Gl. (9) verwandt wird (*24*). Auch *Paulings* Prozedur wurde zur direkten Bestimmung von Gruppen-Elektronegativitäten herangezogen (*13*). Häufiger jedoch wurden Gruppen-Elektronegativitäten empirisch aus chemischen Verschiebungen der kernmagnetischen Resonanzspektren direkt (*25*), oder nach der Differenz-Methode von *Dailey* und *Shoolery*, Gl. (8), bestimmt (*8, 16, 42, 99, 124*).

7. Zusammenhang der Elektronegativität mit experimentellen Daten

Wir könnten nun die aus Atomdaten erhaltenen Elektronegativitätswerte mit einer Vielzahl von experimentellen Größen in Beziehung bringen und zur Belegung dieser Beziehungen Tabelle um Tabelle füllen. Dies wollen wir jedoch nicht tun, sondern nur auf bestimmte Beziehungen hinweisen, und für deren Bestätigung auf die entsprechenden Literaturstellen verweisen. Natürlich können alle Beziehungen, die zur empirischen Bestimmung der Elektronegativitäten aus Molekülen vorgeschlagen wurden (Kapitel 2a), nun mit den bekannten Elektronegativitätswerten zur groben Abschätzung dieser Moleküleigenschaften benutzt werden.

a) Dissoziationsenergien

Paulings Beziehung, Gl. (1,3), kann zusammen mit *Paulings* Tabellen für die mittleren Kovalenten Bindungsenergien (*85*) zur Abschätzung der Dissoziationsenergien verwendet werden (*58, 101*). Dies läßt sich mit den bekannten Gruppen-Elektronegativitäten auf die Dissoziation eines Moleküls in Radikale ausdehnen, vorausgesetzt, daß bei der Dissoziation keine bedeutende geometrische Umordnung der Radikale eintritt.

In diesem Zusammenhang sei noch auf eine graphische Methode hingewiesen, mit der sich voraussagen läßt, ob eine Reaktion endo- oder exotherm vorlaufen wird (*84*). Dazu betrachten wir als Beispiel die Reaktion

$$H_2 + Cl_2 \rightarrow 2\,HCl$$

wofür wir die Atome linear im Abstand proportional ihrer Elektronegativitätsdifferenzen anordnen und für die Bindungen vor und nach der Reaktion Bogen oberhalb und unterhalb der Linie zeichnen, in unserem Fall

Sind die Bogen nach der Reaktion unterhalb der Linie länger, so ist die Reaktion exotherm, ist die Summe der Bogenlängen vor der Reaktion gleich der nach der Reaktion, so ist die Reaktion exotherm, wenn wir nach der Reaktion einen kürzeren und einen längeren Bogen haben als vor der Reaktion.

b) Bindungslängen

Nach *Stephenson* (*96*) lassen sich die Bindungslängen d_{ab} aus den kovalenten Radien, r_a und r_b, und aus den Elektronegativitäten für Einfachbindungen nach

$$d_{ab} = r_a + r_b - C|\chi_a - \chi_b| \tag{56}$$

erhalten, wobei für Einfachbindungen C = 0,09 ist — mit d und r in Å und χ in *Paulings* Einheiten. *Gordy* (*33*) fand, daß Gl. (56) mit C = 0,06 auch auf Doppelbindungen angewandt werden kann. Diese Beziehung wurde ausführlich von *Polansky* untersucht (*19, 87*) und mit Daten belegt.

c) Dipolmomente

Nach Gl. (5) lassen sich die Bindungsdipole aus den Elektronegativitätsdifferenzen bestimmen, die dann vektoriell zum Gesamtdipolmoment eines Moleküls aufsummiert werden können. Ebenso ließen sich die Bindungsdipole aus dem Ionencharakter und den Bindungsabständen erhalten und aufsummieren. Eine erschöpfende Untersuchung in dieser Richtung wurde bisher jedoch nicht unternommen, was wohl an der Schwierigkeit liegt, daß für die Momente einsamer Elektronenpaare korregiert werden muß, was im allgemeinen nicht einfach ist. Einige Beziehungen wurden jedoch gefunden (*97, 12, 68*).

d) Infrarot-Frequenzen

Nach *Gordys* Beziehung, Gl. (6), können die Valenzschwingungs-Kraftkonstanten aus den Elektronegativitätswerten berechnet werden (*30*), solange die Elektronegativitäten nicht zu hoch sind (*37, 38, 113*). Ebenso können die R—H-Valenzschwingungsfrequenzen direkt aus der Elektronegativität von R abgeschätzt werden (*116, 120, 121*). Das gleiche gilt für die Carbonyl-Valenzschwingungsfrequenz (*60*). Mehrfach wurden noch Valenzschwingungsfrequenzen anderer Gruppen (*26, 52, 54, 97*) und auch Knickschwingungsfrequenzen (*59, 107*) mit Elektronegativitätswerten korreliert.

e) Kernmagnetische Resonanz

Chemische Verschiebungen und Elektronegativitäten korrelieren im allgemeinen sehr gut, vor allem wenn durch die Differenzmethode für die Substanzsuszeptibilität korrigiert wurde (*8, 16, 42, 74, 99, 124*). Erstaunlicher ist, daß auch die Proton-Proton-Kopplungskonstanten linear mit der Elektronegativität zusammenhängen (*7, 20, 65*). Ebenso wurden auch lineare Beziehungen zwischen ^{13}C-Proton-Kopplungskonstanten und Elektronegativität gefunden (*40, 64*), die jedoch nur bestehen können, wenn die Hybridisierung am Kohlenstoff konstant bleibt.

f) Verschiedenes

Kern-Quadrupoleresonanzen wurden mit der Elektronegativität in Verbindung gebracht (*117*), auch hier haben wir jedoch zusätzlich eine starke Abhängigkeit von der Hybridisierung. Komplexstabilität wurde mit Hilfe von Elektronegativitätswerten gedeutet (*66*) ebenso wie Säuren- und Basenstärke (*27*), und die Lage von „Charge Transfer"-Banden in Komplexen (*56, 57*). Es ist für den Theoretiker beunruhigend, daß mit empirischen Zahlenwerten wie Elektronegativitäten so viele experimentelle Daten gut korrelieren (meist besser als mit absolut berechneten Ergebnissen), obwohl er nicht in der Lage ist, im Rahmen der Quantenmechanik den Begriff oder die korrespondierenden Zahlenwerte streng zu fassen oder zu definieren.

Dank gebührt Professor C. C. J. Roothaan, der mich während des Zusammenstellens dieser Arbeit mit einem Stipendium unterstützte. Ich danke ferner den Professoren L. und U. Hofacker für das Durchlesen und Herrn K. Busse für das Schreiben des Manuskriptes. Zuletzt möchte ich noch Professor R. S. Mulliken besonders für seine wertvollen Hinweise und Vorschläge danken.

8. Literatur

1. *Allred, A.L.*, and *E.G. Rochow:* J. Inorg. Nucl. Chem. *5*, 264 (1958).
2. — — J. Inorg. Nucl. Chem. *20*, 167 (1961).
3. *Bent, H.A.:* Chem. Rev. *61*, 275 (1961).
4. *Berzelius, J.J.:* Lehrbuch der Chemie, Bd. 1, übersetzt von *F. Wöhler*, Arnoldsche Buchhandlung, Dresden und Leipzig (1835), S. 163.
5. *de Carvalho Ferriera, R.:* J. Phys. Chem. *63*, 745 (1959).
6. — Trans. Faraday Soc. *59*, 1064, 1075 (1963).
7. *Castellano, S.*, and *C. Sun:* J. Am. Chem. Soc. *88*, 4741 (1966).
8. *Cavanaugh, J.R.*, and *B.P. Dailey:* J. Chem. Phys. *34*, 1099 (1961).

9. *Chen E. Sun*: J. Chinese Chem. Soc. *10*, 77 (1943).
10. *Compagnion, A.L.*, and *F.O. Ellison:* J. Chem. Phys. *28*, 1 (1958).
11. *Condon, E.U.*, and *G.H. Shortley:* The Theory of Atomic Spectra. Cambridge: University Press 1953.
12. *Considine, W.J.:* J. Chem. Phys. *42*, 1130 (1965).
13. *Constantinides, E.:* Proc. Chem. Soc. 290 (1964).
14. *Coulson, C.A.:* Proc. Roy. Soc. (London) Ser. A *207*, 63 (1951).
15. — Valence. Oxford: University Press 1959.
16. *Dailey, B.P.*, and *J.N. Shoolery:* J. Am. Chem. Soc. *77*, 3977 (1955).
17. —, and *C.H. Townes:* J. Chem. Phys. *23*, 118 (1955).
18. *Daudel, R.*, et *P. Daudel:* J. Phys. Radium 7, 12 (1946).
19. *Derflinger, G.*, und *O.E. Polansky:* Theoret. Chim. Acta *1*, 316 (1963).
20. *Dischler, B.:* Z. Naturforsch. *20a*, 888 (1965).
21. *Drago, R.S.:* J. Inorg. Nucl. Chem. *15*, 237 (1960).
22. *Edlen, B.:* J. Chem. Phys. *33*, 98 (1960).
23. *Egerov, Y.P.:* Teor. i. Eksperim. Khim. Akad. Nauk Ukr. SSR *1*, 30 (1965).
24. *Ettinger, R.:* J. Phys. Chem. *67*, 1558 (1963).
25. *Fluck, E.:* Z. Naturforsch. *19b*, 869 (1964).
26. *Foerster, W.*, und *H. Kriegsmann:* Z. Anorg. Allgem. Chem. *327*, 305 (1964).
27. *Gallais, F.:* Bull. Soc. Chim. France *14*, 425 (1947).
28. —, *D. Voigt* et *J.F. Labarre:* Compt. Rend. *260*, 128 (1965).
29. *Glockler, G.:* Phys. Rev. *46*, 111 (1934).
30. *Gordy, W.:* Phys. Rev. *69*, 130 (1946).
31. — Phys. Rev. *69*, 604 (1946).
32. — J. Chem. Phys. *14*, 305 (1946).
33. — J. Chem. Phys. *15*, 81 (1947).
34. — J. Chem. Phys. *19*, 792 (1950).
35. —, and *W.J.O. Thomas:* J. Chem. Phys. *24*, 439 (1956).
36. *Haissinsky, M.:* J. Phys. Radium 7, 7 (1946).
37. — J. Chem. Phys. *15*, 152 (1947).
38. — J. Chim. Phys. *46*, 298 (1949).
39. *Hamano, H.:* Bull. Chem. Soc. Japan *37*, 1574, 1583 and 1592 (1964).
40. *Hammaker, R.M.:* J. Chem. Phys. *43*, 1843 (1965).
41. *Han-Chich Yuan:* Hua Hsueh Hsueh Pao *30*, 341 (1964).
42. *Heel, H.*, und *W. Zeil:* Z. Elektrochem. *64*, 962 (1960).
43. *Hinze, J.*, and *H.H. Jaffe:* J. Am. Chem. Soc. *84*, 540 (1962).
44. — Ph. D. Dissertation, University of Cincinnati, 1962.
45. —, and *H.H. Jaffe:* J. Chem. Phys. *38*, 1834 (1963).
46. —, *M.A. Whitehead*, and *H.H. Jaffe:* J. Am. Chem. Soc. *85*, 148 (1963).
47. —, and *H.H. Jaffe:* Can. J. Chem. *41*, 1315 (1963).
48. — — J. Phys. Chem. *67*, 1501 (1963).
49. *Hsiao-Hui Kao:* Hua Hsueh Hsueh Pao *27*, 190 (1961).
50. *Huggins, M.L.:* J. Am. Chem. Soc. *74*, 4126 (1953).
51. *Huheey, J.E.:* J. Phys. Chem. *68*, 3073 (1964).
52. *Hussain, Z.:* Can. J. Phys. *43*, 1690 (1965).
53. *Iczkowski, R.P.*, and *J.L. Margrave:* J. Am. Chem. Soc. *83*, 3547 (1961).
54. *Jacob, J.*, et *H. Symvoulidou:* J. Chim. Phys. *61*, 836 (1964).
55. *Jaffe, H.H.:* J. Chem. Educ. *33*, 25 (1955).
56. *Jørgensen, C.K.:* Mol. Phys. *6*, 43 (1963).
57. — Danski Kemi *45*, 113 (1964).
58. *Jolly, W.L.:* Inorg. Chem. *3*, 459 (1964).
59. *Jones, R.G.*, and *W.J. Orville-Thomas:* Spectrochim. Acta *20*, 291 (1964).

60. *Kagarise, R.E.:* J. Am. Chem. Soc. *77*, 1377 (1955).
61. *Kharasch, M.S.*, and *M. W. Graffin:* J. Am. Chem. Soc. *47*, 1948 (1925).
62. —, and *R. Marker:* J. Am. Chem. Soc. *48*, 3130 (1926).
63. *Klopman, G.:* J. Am. Chem. Soc. *86*, 1463 (1964).
64. *Korbatsos, G.J.*, and *C.E. Orzech:* J. Am. Chem. Soc. *87*, 560 (1965).
65. *Lehn, J.M.*, and *J.J. Riehl:* Mol. Phys. *8*, 33 (1964).
66. *Lodzinska, A.:* Roczniki Chem. *39*, 651 (1965).
67. —, and *E. Danilezuk:* Wiadomosci Chem. *16*, 563 (1962).
68. *Malone, J.G.:* J. Chem. Phys. *1*, 197 (1933).
69. *Meng Kao Ming:* Hua Hsueh Pao *30*, 577 (1964).
70. *Meyer, L.H., A. Saika,* and *H.S. Gutowsky:* J. Am. Chem. Soc. *75*, 4567 (1953).
71. *Michael, A.:* Chem. Ber. *39*, 2138 (1906).
72. *Moffitt, W.:* Proc. Roy. Soc. (London) Ser. A *202*, 534 (1950).
73. — Rept. Progr. Phys. *17*, 173 (1954).
74. *Muller, J. C.:* Bull. Soc. Chim. France 1815 (1964).
75. *Mulliken, R. S.*, Zitat nach *C. A. Coulson:* Rev. Mod. Phys. *32*, 177 (1960).
76. — J. Chem. Phys. *23*, 1833 (1955).
77. — J. Chem. Phys. *2*, 782 (1934).
78. — J. Chem. Phys. *3*, 573 (1935).
79. — J. Chim. Phys. *46*, 497 (1949).
80. *Pariser, R.:* J. Chem. Phys. *21*, 568 (1953).
81. *Pauling, L.:* Proc. Nat. Acad. Sci. U. S. *84*, 414 (1932).
82. — J. Am. Chem. Soc. *54*, 3570 (1932).
83. —, and *J. Sherman:* J. Am. Chem. Soc. *59*, 1450 (1937).
84. — Ann. Acad. Sci. Fennicae, Ser. A II, Chem. *60*, 428 (1955).
85. — The Nature of the Chemical Bond, Ithaca, New York: M. P. Cornell 3. Ausg. 1960.
86. *Pilcher, G.*, and *H. A. Skinner:* J. Inorg. Nucl. Chem. *24*, 937 (1962).
87. *Polansky, O. E.*, u. *G. Derflinger:* Theoret. Chim. Acta *1*, 308 (1963).
88. *Pople, J. A.:* Proc. Roy. Soc. (London) Ser. A *202*, 323 (1950).
89. *Pritchard, H. O.*, and *H. A. Skinner:* Chem. Rev. *55*, 747 (1955).
90. — Chem. Rev. *52*, 529 (1953).
91. — J. Am. Chem. Soc. *85*, 1876 (1963).
92. *Roothaan, C. C. J.:* Rev. Mod. Phys. *23*, 69 (1951).
93. — Rev. Mod. Phys. *32*, 179 (1960).
94. *Sanderson, R. T.:* Science *114*, 670 (1951).
95. — Chemical Periodicity. New York: Reinhold 1960.
96. *Schomaker, V.*, and *D. P. Stephenson:* J. Am. Chem. Soc. *63*, 37 (1941).
97. *Scrocco, M.:* Ric. Sci., Rend. Scz. A *4*, 573, 587, 595 (1964).
98. *Shih-Tsiu Li:* J. Chinese Chem. Soc. *10*, 167 (1943).
99. *Shoolery, J. N.:* J. Chem. Phys. *21*, 1899 (1953).
100. *Shull, H.:* J. Phys. Chem. *66*, 2320 (1962).
101. *Sime, R. J.:* J. Phys. Chem. *67*, 501 (1963).
102. *Skinner, H. A.*, and *H. O. Pritchard:* Trans. Faraday Soc. *49*, 1254 (1953).
103. *Slater, J. C.:* Quantum Theory of Atomic Structure, Bd. I und II. New York: McGraw-Hill, 1960.
104. — Phys. Rev. *34*, 1293 (1929).
105. *Spiridonov, V. P.*, and *V. M. Tatevskii:* Zh. Fiz. Khim. *37*, 994, 1236, 1583, 1973 and 2174 (1963).
106. *Taft, R. W., Jr.:* J. Am. Chem. Soc. *74*, 2729, 3120 (1952).
107. *Takanaka, T.*, and *R. Gotoh:* Bull. Inst. Chem. Res., Kyoto Univ. *40*, 272 (1962).

108. *Tatevskii, V. M.*, and *V. P. Spiridonov:* Zh. Khim. *39*, 1284 (1964).
109. *Townes, C. H.*, and *B. P. Dailey:* J. Chem. Phys. *17*, 782 (1949).
110. *Tsun-Hsein Liu:* J. Chinese Chem. Soc. *9*, 119 (1942).
111. *van Vleck, J. H.:* J. Chem. Phys. *2*, 20 (1934).
112. *Voge, H. H.:* J. Chem. Phys. *4*, 581 (1936).
113. *Walsh, A. D.:* J. Chem. Phys. *15*, 688 (1947).
114. — Discussions Faraday Soc. *2*, 18 (1947).
115. — Discussions Faraday Soc. *2*, 18 (1947).
116. — Proc. Roy. Soc. (London) Ser. A *207*, 13 (1951).
117. *Whitehead, M. A.*, u. *H. H. Jaffe:* Theoret. Chim. Acta *1*, 209 (1963).
118. —, *N. C. Baird* u. *M. Kaplansky:* Theoret. Chim. Acta *3*, 135 (1965).
119. *Williams, R. L.:* J. Phys. Chem. *60*, 1016 (1956).
120. *Wilmhurst, J. K.:* J. Chem. Phys. *27*, 1129 (1957).
121. — J. Chem. Phys. *28*, 733 (1958).
122. — J. Phys. Chem. *62*, 631 (1958).
123. *Yu-Hai Chang:* Hua Hsueh Hsueh Pao *30*, 357 (1964).
124. *Zeil, W.*, u. *H. Burchert:* Z. Physik. Chem. (Frankfurt) *38*, 47 (1963).

Eingegangen am 18. Mai 1967